借双翅膀飞上天
——让孩子从困境走向卓越

竺亚君 著

中国商业出版社

图书在版编目（CIP）数据

借双翅膀飞上天：让孩子从困境走向卓越 / 竺亚君著. -- 北京：中国商业出版社，2024. 11. -- ISBN 978-7-5208-3231-1

Ⅰ．B846；B844.2

中国国家版本馆 CIP 数据核字第 2024ZJ4167 号

责任编辑：王　静

中国商业出版社出版发行

（www.zgsycb.com 100053　北京广安门内报国寺 1 号）

总编室：010-63180647　　编辑室：010-83114579

发行部：010-83120835/8286

新华书店经销

河北吉祥印务有限公司印刷

*

880 毫米×1230 毫米　32 开　4.5 印张　100 千字

2024 年 11 月第 1 版　2024 年 11 月第 1 次印刷

定价：78.00 元

*****

（如有印装质量问题可更换）

前　言

这不是普通的一天，当许多人还在追剧、刷短视频的时候，你却意外地来到这里，你已经赢了许多同龄人。当有些人为了缓解学习上的压力，躲在游戏的世界里，你却在安静地阅读。我期待你的到来已经很久了。

人类最大的损失，不是水灾、火灾，不是地震或龙卷风，也不是华尔街资本市场的崩盘，而是成千上万的人把自己的才华无声无息地带进了坟墓。有些人一生都没有真正认识自己，误以为自己就是这样。有些人终其一生都没有觉醒过，从来没有真正地认识自己。

如果你20岁觉醒，叫作年少有为；如果你30岁觉醒，叫作意气风发；如果你50岁觉醒，叫作大器晚成。

我知道，你是一个善于抓住机会的人。

也许，你读过许多励志的书籍。但是，生活并没有什么实质性的改变。那些励志的书籍并不缺少成功的理念，却无法将成功的方法融入你的学习、工作、生活。如果你只是知道成功的理念，而无法融会贯通地去实践，其结果就是你还是你。

我们的课程包括课程本身、老师辅导、你自己完成作业三个部分。我们特意为你安排了一个教练老师，他（她）会全程

伴你而行。这样，你所学习的内容就不会停留在言语上，而是会变成一种行为，重复的行为最终形成一种习惯。

我知道，你是一个勇于面对挑战的人。

要研究你的今天，就要了解你的昨天。你是出生在大城市、小县城，还是山村里，你的父母是高官富豪还是普通百姓。每个人的成长都有一个复杂的过程。你的性格、习惯、爱好、家庭、天赋、朋友都在影响你。

假设你小学学习优异；初中却成绩平平；面对高中越来越困难的学习，你感觉力不从心。考试的压力让你不得不选择逃避。梦想着能考上"985""211"高校，平时的分数却在高职高专分数线上徘徊。面对日益临近的考试，你的担心与日俱增，你甚至怀疑自己的智商。

其实，人的大脑80%的功能都没有被开发出来。每个人的内心都有许多心灵密码，破译心灵密码，就能开发你的大脑潜能，这需要解读你的天赋特质。

我知道，你是一个既聪明又智慧的人。

我对你有一个要求：请认真完成作业。一个看似简单的行动，如果反复不断地练习，就会形成一种习惯。这种看似微不足道的习惯，在某个时刻会不自觉地影响你。要形成良好的习惯，你有这个能力。形成良好的习惯是从某个时间点开始的，这个点会形成一条线，无数条线会构成一个画面，画面在时间里叠加运转，最终会引发你整个大脑系统的升级。你不仅可以战胜自己，还将勇敢地面对考试。这个时间点就是现在。

我知道，你是一个可以成功的人。

前 言

本书中笔者学员的名字与"小燕"均为化名。本书的目标在于帮助你挑战自我、建立良好习惯、培养专注力、唤醒内驱力。我会帮助你破译你的心灵密码，解读你的天赋特质。一个优秀、善良、刚毅的你将脱颖而出，你的大脑将获得突飞猛进的发展。

成功，并没有你想的那么难。我们就从今天开始吧！

目 录

第一课　我们相遇就是一个奇迹 …………… 001

一、你有过这样的体验吗 ………………… 002
二、"峰"与"终"带来的影响 …………… 005
三、从纽约的那辆汽车说起 ……………… 006
四、今天你有两个选择 …………………… 008
五、特别提醒 ……………………………… 009

第二课　小小蝴蝶的那对小翅膀 …………… 011

一、承诺代表的是一个约定 ……………… 012
二、热带雨林的那只蝴蝶 ………………… 013
三、游戏的世界，游戏的人生 …………… 015
四、你是如何评估自己的 ………………… 018

第三课　你心里的那道伤痕 ………………… 021

一、你脸上的那道伤痕 …………………… 022
二、落在低维度的黑洞里 ………………… 024
三、你是躲在鸡窝里的鹰 ………………… 025
四、"墨菲定律"的启示 …………………… 027

001

第四课　亮出你的软弱或空空荡荡 …………… 031

　　一、讨厌镜子里面的"我" ……………… 032
　　二、请在第一时间回答我 ……………… 034
　　三、痛苦的蜕变却是唯一 ……………… 036
　　四、请正视镜子里的"我" ……………… 038

第五课　挖掘尘封已久的"真我" …………… 041

　　一、那个被遗忘的"真我" ……………… 042
　　二、真实沉没在大海里 ………………… 044
　　三、向"真我"说声抱歉 ………………… 046
　　四、比你的表现好一百倍的那个"真我" … 048

第六课　挑战原来的自我 …………………… 051

　　一、莫名其妙的精疲力尽 ……………… 052
　　二、不为人知的情绪劳动 ……………… 054
　　三、你需要知道的多巴胺 ……………… 056
　　四、你需要体验内啡肽 ………………… 058

第七课　拥抱另一个"真我" ………………… 063

　　一、应该做的与可以做的事情 ………… 064
　　二、拥抱镜子里面的那个"真我" ……… 066
　　三、其实没有几个人欣赏你 …………… 068

目 录

四、你觉得值得去做吗 …………………… 071

第八课　习惯改变你的命运 …………………… 073

一、重复操作而固定的行为模式 …… 074
二、习惯养成的三个阶段 …………… 076
三、培养专注的习惯 ………………… 078
四、成才取决于你拥有哪些习惯 …… 080

第九课　应用天赋特质建立良好习惯 ………… 083

一、五种不同的天赋特质 …………… 084
二、解读你的天赋特质 ……………… 086
三、应用天赋特质养成良好习惯 …… 088
四、你拥有哪一种类型的天赋特质呢 … 090

第十课　专注力越强学习越有效果 …………… 093

一、各大公司都在争夺你的注意力 … 094
二、守住你稀缺的注意力 …………… 097
三、训练专注力的四个步骤 ………… 099
四、运用天赋特质建立专注力 ……… 101

第十一课　梦想成真从设定目标开始 ………… 105

一、描述一下你的未来 ……………… 106

二、设定目标的三个原则 …………… 106

　　三、写出目标，是在书写未来 ………… 108

　　四、实现目标的四个步骤 ……………… 109

　　五、请大声地宣告出来 ………………… 112

第十二课　成功没有你想得那么难 …………… 115

　　一、唤醒你内心的力量 ………………… 115

　　二、有些事不经意地发生了 …………… 117

　　三、30 岁之前与之后的你 ……………… 120

　　四、凤凰涅槃，浴火重生 ……………… 123

第十三课　请给你的父母带封信 ……………… 125

　　一、你家的孩子是这样吗 ……………… 126

　　二、他们为什么痴迷于手机 …………… 127

　　三、他们为什么讨厌学习 ……………… 129

　　四、孩子们为什么会躺平 ……………… 131

　　五、这是大有希望的一代 ……………… 132

第一课

我们相遇就是一个奇迹

当你看到这个标题的时候，我要恭喜你，因为这是你今天遇到的第一个奇迹。全中国约有 14 亿人口，男性占 51.27%，女性占 48.73%。茫茫人海我们就这样认识了。你知道吗？中乐透的概率是三百万分之一，而我们的相遇比中乐透的概率还要低，你觉得这是不是一个奇迹呢？

人这一辈子大约会遇到 830 万人，和 4 万人打招呼，和 3600 人熟悉，而和你亲近的人不会超过 300 人。这样算下来，我们相识的概率是八百万分之一。感恩相识，感恩有你。

既然我们认识了，我首先要告诉你：这是一个给你带来好心情的课程，这是一个培养你好习惯的课程，这是一个帮助你成功的平台，这是一个交流与交友的平台。对于"课程"这个词你并不陌生，或许还有点讨厌。以往的说教，淹没了你太多的睿智。过多的指责，让你对自己失去了信心。条条框框限制了你的想象和才能的发挥，你不得已只能龟缩在自己的世界里。

借双翅膀飞上天

今天,我们来做一次新的尝试:你可以称呼我老师,也可以称呼我名字。我们之间不是教导与被教导的关系,而是朋友。

什么是朋友?朋友就是可以交流的那个人,交流必须要真诚,真诚才能交心,交心才能做朋友。朋友不只是给予,还包括及时的赞美、得体的批评、恰当的争论、必要的鼓励、温柔的安慰、有效的督促!

我十分有把握地告诉你:你会喜欢我这个朋友。因为,我比你更加了解你。你当然不会拒绝一个成全你的朋友,我因为有你这个朋友而感到骄傲。朋友,需要彼此的成全!

自然界有一种现象,即使空间非常拥挤,大树的树冠仍然保持一定距离,礼让地形成奇妙的图案。朋友需要彼此给予空间、互相尊重,这样才能共同生长。你一定要和品格好的人多交往,要和笑口常开的人多交流。从喜乐人身上你可以感受愉悦,学会与智慧人做朋友。

我们是一个互相成全的过程。我成全你的梦想,你成全我的志向。让我走进你的生活,也希望你对我多一点了解,因为你将成为我生活中那道美丽的风景线。

一、你有过这样的体验吗

准备考试,把书的内容几乎都念完了,但考题却出现在没念的那几页。好男孩总是有女朋友。一直没有玩手机,只要一碰手机就被妈妈发现了。排队买东西,另外一队动得总比自己这一队快。乘坐地铁,要坐的那一班总是刚刚离开。你打算早睡早起,早晨起来偏偏头痛得很厉害。在楼下等电梯,电梯总

第一课
我们相遇就是一个奇迹

是在顶楼。

这是怎么回事呢？

告诉你，你是受到峰终定律的影响，让你误以为事情就是这样！

什么是峰终定律呢？我们对一项事物体验之后，所能记住的只有两个部分：一个是峰，另一个是终。人们对一件事印象最强的体验称为峰，无论是正向的还是负向的。另外一个就是结束时的感觉，最后的体验称为终。而过程中其他体验你差不多都没有记忆。

这里的"峰"与"终"就是所谓的"关键时刻"。人们正是根据自己在高峰时期感受到的体验来做出判断，却忽略了该体验持续的整体印象。

◀ 峰终定律

借双翅膀飞上天

初中 3 年，给你印象最深刻的是中考结束知道成绩的那天，班里不善言辞的小燕考试成绩获得了全班第一名。同学们都对小燕投去羡慕的目光。而你的考试成绩换来的是父亲的责备和母亲的泪水，这成为你初中 3 年生活最终的结果。

你有了这样的想法：我再努力也没有用！

你匆匆忙忙赶到地铁站，只见列车门缓缓地关闭了，这一刻，就是你最强的体验感。望着风驰电掣离开的列车，你感到有些无奈：我又没有赶上地铁。你的情绪有些沮丧：我为什么总是赶不上地铁呢？

你有去宜家购物的体会吗？

在宜家购物，哪怕只买一件家具也要走完整个商场，而且店员比较少，还要自己从货架上搬货物，要排很长的队去结账等，这些体验并不好。但是，它的"峰"却有许多小惊喜，如既便宜又好用的挂钟、好看的羊毛毯以及知名的瑞典肉丸。它的"终"是出口处 1 元 1 个的甜筒冰激凌。1 元 1 个的甜筒冰激凌看似赔本，却为无数顾客带来了极佳"终"的体验，成为人们记住宜家的一个标记。当人们回忆起宜家购物之旅时，会觉得整体行程都非常棒。而忘记了店员比较少、要自己从货架上搬货物这些不好的体验。

宜家购物路线就是按照"峰终定律"设计的。有时候，你的体验是被别人设计出来的。有时候，你的体验是被自己设计出来的，而自己却浑然不知。在现实生活中，我们就是被一个又一个这样的体验影响，误以为事情就是如此。

例如，我的自控力不行，肯定考不上大学，高中能毕业就

第一课
我们相遇就是一个奇迹

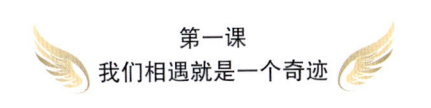

算不错了；只要我一早起，头就痛得很厉害；我常常被别人看不起，因为我爸爸妈妈离婚了。

二、"峰"与"终"带来的影响

初中3年的努力与汗水，被父母遗忘了，连你自己也不记得了，唯一能记住的就是小燕和父母的叹息。

"我这样能考上大学吗？再努力也没有用！"这个想法隔三差五地出现在你的脑海。每当考试成绩不好的时候，这个想法就自然而然地冒了出来。你听哥哥说，他当年高中毕业的时候，把学习成绩单撕得粉碎，怒气冲冲地离开了学校。哥哥高中毕业就跑到深圳去打工了。爸爸不止一次地提到这件事情，对哥哥没有考上大学这件事一直耿耿于怀，于是把希望全部寄托在你的身上。

爸爸出生在一个小村庄，在这样的地方上学就是唯一的出路。许多人初中毕业后就直接去打工了，没有几个人能读高中。而爸爸考上大学轰动了这个小村庄。爸爸大学毕业后，落户在这个不大不小的三线城市，结婚、生子、买房。爸爸一直盼望你们兄弟俩考上一个好大学。爸爸的盼望对你是一种压力。

"如果我考不上大学，怎么面对同学，面对家人，特别是爸爸？"这种担心让你上课常常走神，学习无法集中精力。每次走到地铁口，你就会有这个想法："我肯定赶不上这趟地铁，就算赶上了地铁，我也赶不上电梯，就算赶上电梯，也只是一次巧遇罢了。"

"无论我多么认真、多么仔细，考试的时候总有几道关键

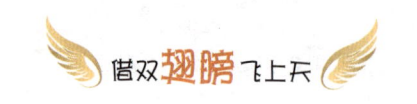

的题被遗忘了。那些课程明明都懂,怎么一考试就是想不起来了呢?"你苦恼于自己许多事情都没有做好。

显然,你是受到"峰"与"终"的影响,误以为事情总是这样!有些人认识到这只是个误区,从而战胜并走出误区,这种人在生活中就是所谓的成功人士。但是,也有人,顺着这个误区一直走了下去。直到有一天,当他们想调整的时候,才发现自己又掉进了另一个陷阱里。

三、从纽约的那辆汽车说起

美国斯坦福大学心理学家菲利普进行了一项实验。他找来两辆一模一样的汽车,一辆停在纽约布朗克斯区,他把车牌摘掉,把顶棚打开,把汽车窗户敲碎。而另一辆则完好无损地停在不远的另一个社区。

停在纽约布朗克斯的汽车很快就迎来了第一个"破坏者"。他拆除了电瓶,拿走了后备箱的东西。接着也有人参与拆除的工作,还拆卸轮胎,抢走了车上所有值钱的东西。而放在另一个社区的汽车,整整一个月没有任何人对它"下手"。

菲利普以这个实验为基础,提出了"破窗效应"理论。如果有人打坏了一幢建筑物的窗户玻璃,而这扇窗户得不到及时的维修,接着就会有许多窗户被打烂。

这一现象在我们日常生活中也随处可见。你到朋友家做客,如果朋友家的地板干干净净一尘不染。你进门之前会做什么?你会向主人要一双拖鞋,你不忍自己的鞋弄脏光亮的地板。而另一个朋友家里的地上满是尘土,你就懒得向朋友要拖鞋。如

第一课
我们相遇就是一个奇迹

▲ 破窗效应

果一面墙上出现一些涂鸦,很快墙上就会布满乱七八糟的东西,这就是"破窗效应"。

人们发现,任何一种不良现象都在传递着一种信息,这种信息会导致不良现象的无限扩展。这看起来是偶然的、个别的、轻微的过错,如果我们对这种行为不及时纠正,就会有更多的问题发生,更多的"玻璃"被打破。

渐渐地,一想到高考,你就有一种莫名其妙的担忧。你终于忍不住把这种担忧告诉了爸爸。爸爸不假思索地告诉你:"凭你这么聪明,考大学绝对没有问题,所有老师都看好你。你们现在考大学比起我当年要容易得多,爸爸那个时候多苦呀,每天去学校往返要走七八里路,你现在简直太幸福了。"

爸爸的话没有减少你的担忧,反而让担忧成为挥之不去的影子。

但无论你多么认真,考题总被遗漏。许多事情似乎都在验

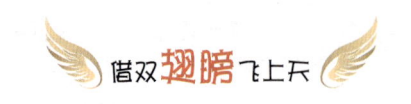

证一件事："我做什么都不顺利。"最初，你只是受到峰终定律的影响。现在，又掉进了破窗效应的陷阱。这个陷阱的特点是：不知不觉且越陷越深。

我这样真的能考上大学吗？

现在，请你放下不安的情绪，和我一起深深地吸上一口气。请注视着我的目光。课程一开始，我就这样告诉过你们："你一定要和品格好的人多交往，要和笑口常开的人多交流。从喜乐人身上你可以感受愉悦，要与智慧人做朋友。"

记住，我们是朋友！我需要你，你也需要我，我们需要互相成全。我愿意帮助你消除内心的焦虑，我愿意帮助你解除内心的烦恼。

问题是，你愿意吗？

四、今天你有两个选择

今天你有两个选择：改变并走出焦虑的陷阱，或是拒绝改变仍在其中。改变，有时是必须的，有时是无奈的，有些是自觉的，有些是被迫的。我们需要用各种理由说服自己接受新事物、摒弃旧的行为。每个人的成长就是一个复杂的系统。当这个系统出问题的时候，调整改变就成为一种选择。

我们的人生就是由一个一个的选择形成的，不同的选择会有不同的结果。走出陷阱的前提是你准备选择改变，改变从哪里开始？改变，就从今天开始，改变就从现在开始，从你的承诺开始。

这个承诺就是：

第一课
我们相遇就是一个奇迹

1. 我愿意改变！也必然会改变！

2. 我愿意每天用 30 分钟学习并完成作业，且付出行动。

3. 无论遇到什么困难，我都不会逃避，并坚持 21 天的学习。

记住，这是你的承诺！

今天的这个承诺，将影响到你未来的家庭生活、财富事业、学习工作、人际关系。从现在开始，我们一起聊天、一起唱歌、一起练习，只需要 21 天。请把你的手给我，让我们紧紧拉住彼此。我向你做出一个承诺：我不会放弃你，无论发生什么！因为我和你有着相同的经历。

▲ 不要放弃

五、特别提醒

我们的学习包括课程本身、教练辅导和你完成作业三个部分。

如果你愿意主动完成作业，请联系班主任，他（她）会将作业发给你。如果你用 10 分钟阅读本课，那么请用 20 分钟完成作业。作业是我们课程重要的组成部分。任何好的课程都必须要经过实践，而实践的关键就是完成作业。

如果你担心自己没有办法完成作业，可以申请一位教练老

师。教练老师会认真地督促你完成作业，当你想放弃的时候，他会出现在你的面前，他愿意倾听你内心的呐喊。在未来一段时间里，这位教练老师将陪同你一起完成学习。

六、课后作业

1. 背诵

朋友不只是给予，还包括及时的赞美、得体的批评、恰当的争论、必要的鼓励、温柔的安慰、有效的督促！

2. 朗读课文

3. 思考

在生活中，哪些行为受到峰终定律的影响？

4. 师生互动

（1）告诉你的老师："很高兴认识您。今天遇到您就是一个奇迹。"

（2）与老师分享你学习本课的体会。

第二课

小小蝴蝶的那对小翅膀

今天是第二课,我关心的是:"你认真完成作业并加以训练吗?"如果你没有认真完成作业,接下来的课程,你只能是一个阅读者。阅读只是让你了解,练习则让你养成习惯,习惯会变成你的性格,性格会改变你的命运。每一个看似微不足道的习惯,都会在某个时刻影响你的人生。命运的改变,需要培养良好的习惯。

还记得你的承诺吗?

1. 我愿意改变!也必然会改变!
2. 我愿意每天用 30 分钟学习并完成作业,且付出行动。
3. 无论遇到什么困难,我都不会逃避,并坚持 21 天的学习。

当你做出承诺的那一刻,改变就已经开始了。在你决心改变的那一刻,你就已经赢了。你赢得的是一个属于自己的人生,这会给你带来意想不到的收获。

一、承诺代表的是一个约定

承诺代表的是什么？代表的是一个约定，这个看似简单的承诺是非常有意义的，这个承诺就是我们走向成功的第一步。我确信：你是一个遵守诺言的人，是一个讲诚信的人。

第二次世界大战前夕，德国有一家很不起眼的信托公司叫作巴比纳信托行，专为顾客保管贵重财物。战争爆发后，人们纷纷把财物取走，老板也打点细软逃之夭夭，只有雇员西亚还在那里清点账目。一颗炸弹在信托行附近炸响，西亚好像没有听见一样。西亚清点完账目，发现一个叫莱格的顾客还没有把东西取走，那是一颗价值50亿马克的红宝石。西亚把红宝石和所有托管文件放到一个小盒子里，然后带上所有账目离开了信托行。

几天之后，战火将巴比纳信托行夷为平地，西亚为逃避战乱四处奔走。但无论走到哪里，西亚都随身带着账目和那颗红宝石。她觉得，自己还是巴比纳信托行的雇员，她要到战争结束时把账目和红宝石送回信托行。

战争终于结束了，西亚带着三个孩子回到柏林。可是，信托行的老板已经在战乱中死去，信托行已不复存在。但西亚仍然保管着账目和红宝石。因为红宝石是顾客委托保管的，顾客没有把红宝石取走，她就得一直为顾客保管，守住信托行的信誉。

许多年过去了，西亚一直没有找到工作，她带着三个孩子过着极其贫苦的生活。当初委托信托行保管红宝石的莱格也在战乱中死去了，那颗价值连城的红宝石早已无人认领了。西亚完全可以悄悄地把它卖掉，过上好的生活，可是她觉得那是顾

第二课
小小蝴蝶的那对小翅膀

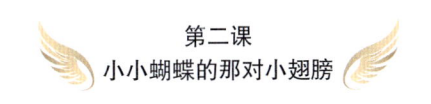

客的财物，她只能保管，不能有任何非分之想。

1978年，当地政府成立战争博物馆，面向社会征集战争遗物。西亚便把她保管的信托行账目和那颗红宝石拿了出来。政府多方努力，帮助西亚找到了莱格的孙子道尔。道尔拿到那颗红宝石，答应将红宝石卖掉后的所得的一半给西亚。西亚婉言谢绝了，说只收取这些年的保管费用。

不久，西亚去世了。几家公司找到她的儿子克里斯，要求买断西亚的名字以命名信托公司。最后，柏拉图信托公司以80亿马克的天价获取了"西亚"的冠名权。许多人不解，一个名字能值那么多钱吗？柏拉图公司总裁说："'西亚'不仅仅是一个人的名字，它代表的是一种诚信精神，代表的是一份伟大的承诺！"

诚信之所以能够创造价值，因为诚信本身就是无价的。承诺之所以为承诺，因为承诺代表的是一种不变的约定。

二、热带雨林的那只蝴蝶

美国气象学家爱德华发现这样一个气象：一只南美洲亚马孙河流域热带雨林中的蝴蝶，偶尔扇动几下翅膀，可以在两周以后引起美国得克萨斯州的一场龙卷风。其原因就是蝴蝶扇动翅膀的运动，导致其身边的空气系统发生变化，产生微弱的气流，而微弱的气流又会引起四周空气产生相应的变化，由此引起一个个连锁反应，最终导致其他系统产生极大变化。一个不起眼的小动作能引起一连串巨大的反应，这称为"蝴蝶效应"。

"蝴蝶效应"起初是混沌的，是在不准确中产生的，什么

借双翅膀飞上天

▲ 蝴蝶效应

样的结果都有可能发生。一件表面看起来毫无关系、非常微小的事情,可能会带来巨大的效应。一个你无视的小问题,一件从未放在心上的小事,如果不加以及时修正,在以后的某一天,就会给你带来非常大的危害。

同样的,你今天一个微小的举动、一个微小的改变,只要加以正确的指导,经过一段时间的努力,就会给你带来一个巨大的转变。正像一只蝴蝶翅膀的扇动可以引起得克萨斯州的一场龙卷风。而一滴很小的水珠,在雪坡向下滚动也会形成一个雪球,最后雪球越滚越大。

第二课
小小蝴蝶的那对小翅膀

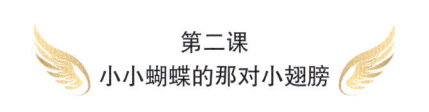

你最初的那个想法就是蝴蝶的那对翅膀，人们并不关注蝴蝶翅膀的扇动，却惧怕龙卷风破坏的威力。你最初的那个行动，就像一滴很小的水珠，人们并不关注一滴水珠的滚动，却赞叹雪球的巨大。

"能否考上大学"的担忧一直藏在你的心底。担忧，像种子一样在你内心一天一天地长大，你对未来的担忧越来越浓重，伴随着一种恐惧。爸爸的语言变得越来越尖锐，他认为你的担忧只是不想好好学习的借口。妈妈对你无微不至的关心，只是想换来你好好学习的表现。

有一次，班主任让同学们对班级的学习提出建议。你建议："早上七点的早读课应该推迟半个小时，很多同学都在睡觉，甚至老师也在打瞌睡。"班主任带着讥笑回答："你想睡就睡，不要影响别的人学习，自己不学习，还要大家陪着你一起偷懒，这种建议只有你这类学生能够想得出来。"

你体会到，学习成绩不好是会被歧视的。你不仅面临繁重的学业压力，更重要的是自信与自尊也被剥夺了。你觉得，因为学习不好，全世界都跟你决裂了。爸妈不喜欢你，老师、同学不喜欢你，你也开始不太喜欢自己了。为了消除日益严重的忧虑，你喜爱上了手机，游戏走进了你的生活。

三、游戏的世界，游戏的人生

最初你只是想放松一下紧张的情绪，缓解一下内心的冲突。但是，你意外地发现，游戏世界里有许多和你差不多的小伙伴。你很快就和这些小伙伴建立起友谊，这种友谊是以打游戏为纽

借双**翅膀**飞上天

带的。

在游戏里你找到了一个快乐的自己。这种快乐把时间压缩了,两个小时只是一瞬间的事,和盼望着下课形成了鲜明的对比。考试的压力没有了,内心的忧虑不见了。只是老师讲的课,你越来越听不明白。对于学校的大门,越来越感到不安。早晨起床,这种不安变成了头昏脑胀,让你的食欲大减。你越来越反感妈妈无休止的说教,更喜欢一个人躲在房间里。

当你正在兴奋不已的时候,妈妈突然出现在你的面前。妈妈的背后,你仿佛看到老师严肃的目光,恍惚又看到学校的那扇大门,还有一大堆的作业。忧虑的情绪让你忍无可忍,你愤怒地大喊大叫起来。妈妈被你的愤怒吓得目瞪口呆,把饭菜洒在了地上。

晚上,爸爸来到你的房间,语重心长地说:"爸爸小时候特别苦,咱们那个村庄你是了解的。上学就是爸爸唯一的出路。我初中毕业后,80%的人直接去打工或者读一个技校,20%的人去读了高中。3年后高考,考上本科的没有几个。我如果不是大学毕业,怎么能够来到这个城市呢?爷爷因为我,成了小镇上的名人,他逢人就会提起我。我是你爷爷的骄傲。孩子,你将来一定能够超过爸爸,你完全可以考上更好的大学。"你发现爸爸眼角里含着泪水。那天晚上,你发誓:以后再也不碰游戏了。

第二天,你准时走进了学校,却发现周围的一切有些陌生。内心的烦躁让你在教室里坐立不安,老师的声音变得尖厉又刺耳。"既然我考不上大学,学习还有什么意义呢?"你实在找不到学习的动力。你想回家,马上回家。

第二课
小小蝴蝶的那对小翅膀

你一头扎进房间，一头扎进手机，再次走进游戏的世界。游戏里的画面是那么熟悉，轻快的音乐让你耳目一新，从没见过面的小伙伴倍感亲切。只有在游戏的世界里，你才能寻找自己的快乐。只有在游戏的世界里，你才能缓解忧虑的情绪。你并不担心自己的未来，你担心的是妈妈敲门。你没有觉得老师对你冷漠，只希望老师不要来打扰你。

为了游戏，你常常和爸爸妈妈吵闹。你想："爸爸只会一味地责备，妈妈只会反复地唠叨，他们从没有真正关心过我，我现在这样还不是他们一手造成的。"

因为有这样一个现象：当你准备玩游戏时，特别兴奋，玩游戏的时候特别开心。可是游戏之后，不安的情绪非但没有消失，反而更加严重了，还伴随着几分焦虑：我这样下去怎么能够考大学呢？

蝴蝶效应 ▶

然而，每次和父母发生冲突之后，你又后悔自责，罪恶感油然而生。你心里明白，父母阻止你玩游戏是为你好。

四、你是如何评估自己的

今天，落在巨大龙卷风里的你，正无力地扇动着翅膀。你并不想沉浸在游戏里，你想脱离内心的焦虑。尽管你的内心依然怀揣着许多的梦想，可是，你无法战胜自己，你对现在的生活非常不满意，甚至开始讨厌自己。

我不需要对你的行为评头论足，无须对你讲一番大道理。其实，你是一个明是非懂道理的人。以往的说教，淹没了你太多的睿智和才华，过多的指责让你迷失了方向，你万般无奈龟缩在自己的世界里。

在消除越来越严重的焦虑之前，在解决与父母日益紧张的关系之前，我们需要对你进行一次精确的评估。

首先，你是如何评估自己的？站在自己的角度来思考这个问题，是不是有点难？我渴望听到你对自己的评价：

我实在不聪明，学习也不够努力。

我玩游戏是因为自控力不强。

我担心自己考不上大学，高中能毕业就算不错了。

我只要一早起，头就痛得很厉害，这是真的。

我控制不好自己的情绪，对未来总是充满了焦虑！

接下来，我们来听一听父母是如何评价你的。

他呀，学习一点都不认真，嘴上说要考大学，可是哪有一点考大学的样子，一天到晚就知道打游戏，还不如他哥哥呢，

第二课
小小蝴蝶的那对小翅膀

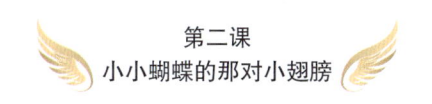

哥哥好歹还高中毕业了。他要是这样下去,将来肯定一事无成。

那么,老师又是如何评价你的呢?

他上课无法集中精力,学习不努力,对自己要求不严格。还常常和其他同学发生矛盾。无法控制自己的情绪。这样下去,高考是没什么指望了,能否高中毕业都是问题,我非常担心他。

当你听到这样的评价,内心的感受是怎么样的呢?这就是你特别不想面对父母、老师的原因。因为你把他们的评价全部记在心里,并自觉地认可下来。以至于,当我要求你对自己做一个评估的时候,你的评估只不过是他们对你评价的翻版。

显然你并不真正了解自己,并不知道自己到底能做些什么,你对自己的评价都是基于别人对你的看法。

所以我要问的是:你真的了解自己吗?

你渴望摆脱游戏。游戏只是暂时让你忘记了烦恼,游戏之后,更多的烦恼如影而至。你渴望走出焦虑。焦虑控制了你的情绪,蚕食着你活动的空间,让你活动的范

▲ 你真的了解自己吗?

围越来越狭小。你渴望重新振作起来,你渴望有个充实的生活,毕竟你还有自己的理想。

我们的课程正是基于你的这些渴望。你的渴望与承诺让我看到了希望。上一课,我曾向你做过一个承诺:无论发生什么,我不会放弃你。

因为我相信你!

五、课后作业

1. 背诵

承诺之所以有意义,因为它代表的是一个约定。

2. 朗读课文

3. 自我评估

(1)简单介绍你目前的学习状况。

(2)评价你的学习积极性:

A. 一学习就提不起精神来

B. 为父母学习

C. 根本不想学习

4. 师生互动

把你的学习压力告诉老师,一起商量找到解决问题的办法。

第三课

你心里的那道伤痕

如果上一课你没有认真完成作业，对这一课的理解将是肤浅的，让接下来的课程变得比较吃力。但是，如果你认真进行练习，以下文字对你有醍醐灌顶的作用。让我开心的是，教练老师告诉我，你前两课作业完成得很好。

如果你觉得教练老师在逼迫你完成作业，你要感恩他，因为他是你生命中的贵人。当没有人逼迫你时，你需要自己逼迫自己，因为真正的改变是自己想改变。这个世界没有人逼迫你，但是，今天我要逼迫你。因为当年我就是这样被老师逼出来的。

作为朋友，我必须告诉你：一个人不在乎懂得多少道理，道理不能疗愈你，关键是让这些道理根植在你的内心，并形成内驱力，这种驱动力会成为你的一种习惯。这就是我一再要求你完成作业的原因。

你的个性、天赋、软弱、缺点会在完成作业的时候显露出来，你不需要伪装也没有办法伪装。你的潜在能力将被挖掘出来，

借双翅膀飞上天

你不为人知的天赋特质会展示出来。你现在是什么样并不重要，重要的是，未来你会成为什么样的人。

一、你脸上的那道伤痕

哈佛大学进行过一项实验：科研人员让每位志愿者在没有镜子的小房间，化妆师在他们脸上做一个血肉模糊的伤痕。志愿者被允许用一面小镜子照化妆后的效果，之后镜子就被拿走。关键的是最后步骤，化妆师告诉他们，还需要在伤痕的表面涂一层粉末，以防止被不小心擦掉，其实化妆师已经用纸巾抹掉了化妆的痕迹。对此，志愿者毫不知情。接着，他们被派到各个医院候诊，他们的任务是去观察别人对他们脸部伤痕的反应。

到了规定时间，这些志愿者各自讲述了自己的感受。结果，他们异口同声说出了相同的感受："大家都在用异样的眼光盯着我的脸。"其实，他们的脸上什么都没有，也就是说，他们所谓异样的眼光，都来自自己的心理作祟，这个实验叫作记忆伤痕。

这个实验告诉我们，别人对你的看法，是由你对自己的认知决定的。一个和善的人，他感受到的多是平和的眼光；一个自卑的人，他感受到的多是歧视的眼光；一个叛逆的人，他感受到的多是挑衅的眼光。当你认为自己脸上有伤痕的时候，那道伤痕就真的在你脸上了。你会发现，别人的目光正在折射你的伤痕，你甚至能够听到别人对你伤痕的议论。

当你认为自己根本无法考上大学的时候，学习的内驱力也就不复存在了。于是，你发现周围所有的人，都在用同样的话

第三课
你心里的那道伤痕

▲ 记忆伤痕

语告诉你:"放弃吧!你这样怎么能考上大学呢?"一个人内心如何看待自己,别人也会用这种方式来看待他。

当你对自己的认知模糊不清的时候,外部世界也开始变得模糊了。

当你觉得自己无法控制焦虑的时候,教室就让情绪变得烦躁,老师的声音就变得刺耳,你和同学们就无法进行正常交流。如果你对自己的认知是建立在别人的基础上,也只能借助别人的语言来判断自己的行为,借助别人的目光来审查自己的能力。其实,你脸上并没有那道血肉模糊的伤痕。但是,现在,这道伤痕不仅在你的脸上,还深深地印在了你的心里。

我要告诉你:"你的脸上并没有那道血肉模糊的伤痕。"

二、落在低维度的黑洞里

你对自己的认知，造成了父母和班主任对你片面的评价。他们站在自己的角度对你的评价没有错，那不是他们的问题，是你对自己的认知出了问题。

你上小学时期的样子，至今还被父母津津乐道。当年的奖状见证着你的成绩和父母的骄傲。而你初中 3 年的汗水，却被父母遗忘了，连你自己也不记得了。高中，留给你的记忆似乎只有爸爸的叹息和妈妈的泪水。

"我这样的真能考上大学吗？"这种担心一直藏在你的心底。

你掉进了低维度的认知里。所谓低维度，就是用过去的经历来定义今天的能力，用别人的目光来定义自己的价值，用别人的语言来确认自己的方向。这个低维度的认知，导致许多人降低了自身的能力，矮化了自身的价值。

中考的失败成了你心里的一个痛。这两年，你一直刻意回避这个问题，不愿意提起这段经历。失败对你的影响是显而易见的，曾经的失败让你一蹶不振。妈妈不断的提醒加重了你的担忧，爸爸企盼的目光加重了你的恐惧，使你生活的空间变得越来越小。你很想把自己真实的想法告诉父母，但每次话到嘴边又咽了回去。与其说你不敢面对学校、老师、父母，倒不如说你不敢面对过去的失败。

有个猎人在山上打猎，偶然捡到一个蛋就把这个蛋带回家，放到老母鸡的鸡窝里面。时间一天天过去，老母鸡把小鸡孵出

第三课
你心里的那道伤痕

来的时候，这个蛋也破壳了，出来的是一只小鹰。这只小鹰每天跟着老母鸡和这群小鸡在草丛里面找虫子吃。一天，有只老鹰从空中飞过，看见这群鸡，决定抓一只回去。当它俯冲下来的时候，发现角落里面藏着一个和自己长得很像的家伙。出于好奇，老鹰就把它抓回巢。结果怎么看这个小家伙都不像鸡，反而更像是自己的孩子。

当老鹰企图带着这只小鹰飞到天上，小鹰却躲在巢里，浑身颤抖着。它有翅膀，却从没有使用过，它有翅膀，却没有飞上天的能力。因为小鹰并不认为自己是一只鹰，它认为自己是一只小鸡，只能在地上跑。

它不敢相信自己可以飞翔。

自我认知是一件非常重要的事情，每个人只能活出自己所认同的那个自己。如果你认为自己是一只小鸡，你渴望的自然就是昆虫，躲在鸡窝里就是正常的。

今天，我要问的是："你是一只小鸡，还是一只小鹰呢？"

三、你是躲在鸡窝里的鹰

如果用低维度认知来看待你，你就是一只小鸡，发生在你生活的一切都是正常的。中考的失利，让你变得患得患失，觉得自己与大学从此失之交臂，让你变得垂头丧气，觉得自己样样都不如别人。

如果你把自己当成一只小鸡，以下这些话语出现在你的字典里，就是再正常不过了：

我实在不聪明，学习也不够努力，我玩游戏是因为自控力

借双翅膀飞上天

不强。

我担心自己考不上大学，高中能毕业就算不错了。

我只要一早起，头就痛得很厉害。

你说的没有错，这确实是真的。如果你把自己当成一只小鸡，接下来会有这样的事情不断发生：你携伴出游，越不想让人看见越会遇见熟人；排队的时候，另一队动得总是比较快，你换到另一队，原来站的那一队就开始比较快地动了起来；当你衣袋里有两把钥匙，一把是你房间的，另一把是汽车的，如果你想掏出车钥匙，往往掏出的是房间的钥匙；考题总出没有复习的那部分内容。

如果你把自己当成一只小鸡，就没有能力飞上天。你会有无数个理由来告诉自己："我无论多么努力，最终只能在地上吃虫子。这不是自己无能，只是验证了我只属于家禽类，没有飞上天的能力。"你只能躲在狭小的鸡窝里，把起飞的翅膀收藏起来，在游戏世界里梦想着展翅飞翔。

尽管你渴望飞翔在蔚蓝色的天空，但是，你已经适应舒适的小鸡生活。你幻想过金榜题名时的喜悦，但是，你无法战胜学习过程中的艰难。你渴望得到父母的鼓励和赏识，听到的却是失望和叹息。你渴望得到老师的表扬，无法忍受老师的冷嘲热讽。

你尝试过努力学习，你尝试过远离游戏，你尝试过改变自己。最终，你还是放弃了。你觉得自己无论怎样努力都是徒劳的，正像以为自己是鸡的小鹰不敢相信自己可以飞上天。如果你把自己当成一只小鸡，上面所发生的事情都是正常的。

第三课
你心里的那道伤痕

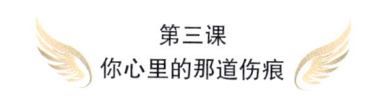

今天，我要问的是："你是一只小鸡，还是一只小鹰呢？"

四、"墨菲定律"的启示

1949年，一位名叫爱德华·墨菲的空军上尉提出了这样一个理论：越怕出事就越会出事，事情往往会向你所想到的不好的方向发展。如果坏事有可能发生，不管这种可能性有多小，它总会发生。这就是所谓的"墨菲定律"。

假定你把一片面包掉在地毯上，这片面包的两面均可能着地。但你把一面涂上了果酱，于是，掉在地毯上的常常是涂上果酱的一面。如果你兜里装着一枚金币，生怕丢失，你每隔一

▲ 墨菲定律

借双翅膀飞上天

段时间就会用手摸一下口袋，查看金币是不是还在。你的规律性动作引起了小偷的注意，最终金币就被小偷偷走了。即便没有被小偷偷走，那个总被你摸来摸去的口袋最终被磨破了，金币就掉出去丢失了。越害怕发生的事情就越会发生，原因就是害怕，所以会非常在意，就容易犯错误。如果你把自己当成一只小鸡，这个理论完全适应你，也验证了你今天所遇到的所有问题。

如果你用低维度的视角来判断自己，你看到的只有一地鸡毛。现在，你需要站在高空来看待自己，你不是那只小鸡！你是一只雄鹰！小鸡的视角在地上，它的维度就是眼前的几粒大米，几粒大米就足以调动起小鸡的兴奋度。雄鹰的视角在天上，它的维度是一览无余的大地，它喜欢暴风雨，因为只有暴风，才能让它飞得更高。

无论是"峰终定律"还是"破窗效应"理论，无论是你脸上的那道伤痕还是墨菲上尉提出的理论，在现实生活中都有理论根据，用低维度的视角来看待这些定律，完全适用于现在的你，因为你把自己当成了"小鸡"。

今天，我要问的是："你是一只小鸡，还是一只小鹰呢？"

如果一个人自我认知出了偏差，他将失去对自我价值的肯定，进而产生一系列消极的情绪，形成消极的心理，行为上的颓废就是必然。当一个人失去了对自我价值的肯定，他的内驱力也就随之消失了，进而又不自觉地把消极情绪和思维等同于现实本身。其实，周围环境本质是中性的，是你给它们加上了积极或者消极的因素，关键是你要如何去选择！

第三课
你心里的那道伤痕

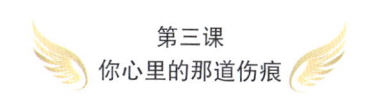

显然,你一直把自己当成了一只小鸡,可你本质上却是一只雄鹰。

告诉自己:"我不是那只小鸡,而是可以飞上天的雄鹰!"请再说一遍,声音大一点。说完这句话,你内心的感受是怎样的呢?只是嘴上说说心里还在发虚?还是发自内心的呢?你需要对自己有一个重新认知。

现在,和我一起抖一抖身上的泥土,伸展一下软弱的臂膀,一起来还原你鹰的本质。

▲ 还原鹰的本质

五、课后作业

1. 背诵

一个人懂得多少道理不是最重要的。重要的是,某些道理根植在他的内心,形成某种习惯。

2. 朗读课文

3. 思考

(1) 什么是"墨菲定律"?

(2) "墨菲定律"对你有哪些影响?

4. 自我评估

(1) 你觉得自己能考上大学吗?

(2) 你打算考什么大学?

第四课

亮出你的软弱或空空荡荡

上一课我们讲到了"墨菲定律",那就是越怕出事就越会出事,事情往往会向你所想到的不好的方向发展,不管这种可能性有多小,它总会发生。每当一个不好的念头出现,事后似乎都会得到印证,这就是"墨菲定律"的核心。

当你望着风驰电掣离开的地铁列车,一个想法告诉你:"我总是赶不上地铁!"结果,每次都赶不上地铁就成为现实。"我真能考上大学吗?如果考不上大学那将是很没面子的事情。"这种担心让你上课常常走神,学习无法集中精力,理解能力明显的下降。无论你多么认真、多么仔细,考试总有几道关键的题被遗忘了。你惧怕考试,怀疑自己的天赋,这验证了你无法考上大学的想法。

这种想法,使你一走进教室,情绪就变得烦躁。老师的眼神让你看不到希望,同学们的交流变得刺耳起来,你对文字、数字、格式、公式更加讨厌。

借双**翅膀**飞上天

人们对你的认知和你的行为基本是吻合的，这种吻合验证了你对自己的评价，而你对自己的评价只是别人对你评价的翻版。这才引发了你到底是小鸡还是雄鹰的争论。就你目前的行为模式，人们把你归为家禽类是再自然不过的事情了。

显然，你一直把自己当成了小鸡，而本质上你却是一只雄鹰。你疑惑的是："如果我是一只雄鹰，为什么生活、学习如此糟糕呢？"

一、讨厌镜子里面的"我"

初中 3 年，你一直默默地喜欢小燕同学，这种喜欢是从羡慕她学习开始的。小燕不善言辞，学习成绩在班里总是名列前茅。有一次早自习，你在教室里遇见了小燕，教室里只有你们两个人。小燕微笑着主动和你打招呼，你手忙脚乱地站在她的面前，你第一次这么近距离地接触一个女孩子，她身上散发着一股淡淡的馨香。你们谈了几分钟，直到其他同学走进教室。

和小燕交流的那几分钟，成为你初中 3 年的难忘记忆。你幻想着考上清华，因为小燕的理想是上清华大学。上课的时候，你不由自主地瞄着小燕，有点心不在焉。有一段时间，你特别喜欢去上早自习，希望能再次遇见小燕。妈妈和小燕的母亲是同事，你几次在妈妈面前提起小燕，想让妈妈带你去小燕家。暗示了几次，妈妈却所答非所问地说："你要是各门功课也像小燕那么好该有多好呀！"

这让你觉得妈妈很蠢。

你讨厌学习是从初三开始的，中考的失败成了你心里的一

第四课
亮出你的软弱或空空荡荡

个痛。爸爸把你不爱学习归结于游戏，可你迷恋游戏是在学习成绩下降之后。所有的人都关心你的成绩，却没有人了解成绩下降的背后的原因。

初中那几年，你在班里还是个佼佼者。上高中以后，再也无法找到那种感觉。幸好在游戏的世界里，你又重新找到了自己。不被重视的情感，在虚拟世界里得到了满足，你再次体验了成功的感觉。

你童年时代一直梦想着成为武林高手，在游戏的世界里，你实现了童年的梦想，体验了成功的感觉。在游戏里你大打出手，闯过一关又一关，战胜了无数高手。

上高中之后，父母说的话总是千篇一律，你的表达他们似乎听不懂。你无法和老师、同学和睦相处，你没有什么朋友。但是，在网络世界里，你结交了一批好朋友，尽管没有见过面。游戏帮你释放出内心的压力，好像在压力满满的身体上钻了个孔，让积累许久的压力得到宣泄。可每次游戏之后，不安的情绪非但没有消失，反而更加严重了，还伴随着几分焦虑。

这些爸爸妈妈是不知道的。

你还有许多烦恼：脸上的青春痘越来越多，伴随着身体不安的躁动。你的腿有点短，身体还有些发胖，不大的眼睛里看不到希望。为此，你会莫名其妙地和父母发脾气。你几次考试作弊都不成功，有一次险些被老师发现。你尝试和小燕见面，但被她拒绝了。爸爸和妈妈经常因为你吵架，你从外婆的口袋里偷了 200 块钱。

这些爸爸妈妈是不知道的。

借双翅膀飞上天

你讨厌镜子里的自己,"我怎么这么胖、这么黑、这么矮,还这么丑?"你不喜欢自己厚厚的嘴唇,说出的话常常词不达意,一张口就会和父母发生冲突。愤怒的时候,甚至会脏话连篇。你羡慕其他同学之间侃侃而谈、无话不谈的亲密关系。你不喜欢自己的三角眼、扫帚眉,和爸爸一样。你讨厌脸上发紫的青春痘,每每看到电视里的帅哥美女,会让你变得更加自卑。你不喜欢镜子里面的那个"我",甚至讨厌镜子里的那个"我"。老师、父母对你是不满意的,更重要的是:你对自己也同样不满意。

这些爸爸妈妈是不知道的。

二、请在第一时间回答我

1. 你喜欢什么颜色?

   _____

2. 你一般晚上几点睡觉?

   (1) 22—23 点　　(2) 23—24 点

   (3) 凌晨 1 点　　(4) 凌晨 2 点

3. 以下哪些是你感兴趣的事情?

   (1) 读书　　　(2) 摄影　　　(3) 旅游

   (4) 美食　　　(5) 电影　　　(6) 聊天

   (7) 动漫　　　(8) 游戏　　　(9) 手机

   (10) 电视剧　　(11) 聚会　　(12) 购物

   (13) 睡觉　　　(14) 小动物　(15) 其他

第四课
亮出你的软弱或空空荡荡

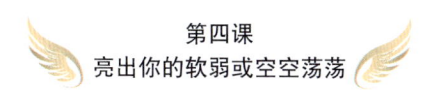

4. 你有讨厌的人吗?(写下来,没有人知道。)

5. 你每天有多长时间在网络上玩游戏?

6. 你对自己的相貌满意吗?对自己的身材满意吗?

7. 你交过异性朋友吗?你有过爱慕的人吗?(写下来或者不写下来都无所谓,那是你自己的事。)

8. 你是一个爱表达的人吗?

9. 你有以下状态吗?

(1)非常纠结,干什么都没有精神。

(2)想和异性交往,但担心被拒绝。

(3)渴望爱情,却失恋了。

(4)特别想发财,可就是缺钱。

(5)高考有压力,学习提不起精神,父母常常给压力。

(6)人际关系不好,和亲人搞不好关系。

(7)寂寞孤独,莫名其妙地想哭。

10. 你最担心的事是什么?

11. 你渴望获得什么?

12. 你认为自己最需要改变的是什么?

_____

你还有许多不为人知的行为、荒诞的思想。你讨厌脸上的青春痘，考试作弊的感觉让你难受，每次和父母发生冲突之后都后悔自责，你无法面对外婆的目光，罪恶感油然而生。

你会问："我该如何面对这些问题呢？"

三、痛苦的蜕变却是唯一

你当然不喜欢镜子里面的"我"，你鹰的本质被许多行为掩盖了。当老鹰企图带小鹰飞上天的时候，小鹰始终不敢相信自己可以飞翔。它躲在巢里浑身颤抖着，它没有飞上天的体验。毕竟，你的翅膀从没有伸展过，上面还沾满了无数鸡毛，尘土迷了你的双眼，你看到的就是眼前的昆虫，能带给你快乐的只有手中的游戏。

你渴望飞翔，但已经适应了小鸡的生活。你幻想过金榜题名，却无法战胜学习中的艰难。你渴望得到父母的鼓励，听到的却是一声叹息。你渴望得到老师的认可和赏识，换来的却是冷嘲热讽。

所以说，来到这里是你最明智的选择。

你知道鹰是如何蜕变的吗？

鹰的寿命一般为70年。但是，鹰在40岁就开始退化。它的嘴变得又长又尖，叼不住太重的东西；它的爪子抓不住更重的东西；它的羽毛变得又厚又沉，因此飞得越来越低。此时，

第四课
亮出你的软弱或空空荡荡

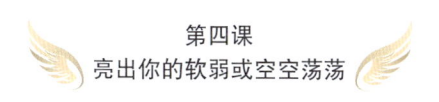

老鹰有两大选择：其一是饿死，因为它已经缺乏生存能力；其二是蜕变。

如何蜕变？

鹰会选择一处高山，在山上找到合适的地方为自己筑巢，接下来，蜕变将在这里进行。

蜕变的第一步：鹰将自己的嘴往岩石上戳，直到将嘴全部戳烂，然后等戳烂的嘴结痂，痂再慢慢地褪去后，新的鹰嘴就会慢慢地长出来。

蜕变的第二步：鹰用自己的嘴将爪上的老甲一根根地拔下来，再等新的爪慢慢长出来。

蜕变第三步：鹰用自己的嘴将旧的羽毛一根根地拔下来，再等新的羽毛长出来。

▲ 鹰的蜕变过程

整个蜕变大概需要 150 天。蜕变完成后，鹰又获得了新生，它可以再活 30 年。

蜕变是一种选择，这个选择是痛苦的，这个蜕变要经历相当长的时间。鹰面对自己的退化，它的选择是蜕变。

这就是我喜欢鹰的原因。

四、请正视镜子里的"我"

你知道自己的问题所在，可是，没有办法战胜这些软弱，所以，你一直在逃避。人在犯错误的时候，脑子里往往会出现隐瞒错误的想法，害怕承认之后的面子问题和可能遭受的惩罚。其实，承认错误并不是丢脸的事。承认错误越及时就越容易得到改正和补救。而且，主动认错要比别人提出批评后再认错，更能得到别人的谅解。

美国田纳西银行总经理特里说过这样一句名言：承认错误是一个人最大的力量源泉，正视错误的人将得到错误以外的东西。承认失败，可以避免更大的损失，这就是知名的"特里法则"。

这个法则有两个含义：其一，承认错误是一个人最大的力量源泉；其二，正视错误的人将得到错误以外的东西。核心意义就是，敢于认错本身具有很大价值。

第一，敢于面对错误，是你进步的力量源泉和基石。你的进步就是在不断克服困难，改正错误中取得的。前进的动力是在不断改正一个又一个错误的基础上获得的。所以，只有态度端正的人才有可能总结经验教训，才有可能改正错误，重新迈

第四课
亮出你的软弱或空空荡荡

▲ 特里法则

向成功之路。

第二，敢于承认错误是避免再次犯错的前提。不敢认错的话会走向反面，会设法掩饰错误，以后遇到同样的问题，还会像以前一样犯错，很容易一错再错地重复原来的错误。

第三，好好把握每一次犯错误的机会，认真总结，力争不再重复。犯一次错误也是一次学习的机会，只不过是反面教材而已。

歌德说过：最大的幸福在于，我们的缺点得到纠正，错误得到补救。敢于承认错误，就能以崭新的面貌去迎接更加激烈的挑战。

逃避错误，意味着你只能躲在鸡窝里，这是鸡的行为模式。正视问题，接受挑战是鹰的行为模式。鸡和鹰都有翅膀，但是，面对风暴的时候，鸡会成为落汤鸡，而鹰会在暴风雨中飞得越来越高。

鹰的特征就是敢于面对自己的软弱。

借双**翅膀**飞上天

不少人在网络中用假名讲真话,却在现实中用真名讲假话。现在,你需要用真名讲真话,敢于面对错误,你将得到错误以外的东西。

勇敢地说出自己的缺点,大胆地写下自己的问题,正视自己的软弱。上一课,你已经大声告诉过自己:"我不是那只小鸡,而是飞上天的雄鹰!"

现在,抖抖你身上的泥土,伸展一下软弱的臂膀,剔除粘在翅膀上的鸡毛,清洗眼里的尘土,这样做或许有点难受。但是,作为鹰,你是必须要面对的。

还原你鹰的本质,从正面对抗自己的弱点开始。

五、课后作业

1. 背诵

最大的幸福在于我们的缺点得到纠正和我们的错误得到补救。——歌德

2. 朗读课文

3. 课后练习

面对镜子对自己说:"我是一个勇于承认错误的人。"

4. 自我评估

(1)父母对你的评价是怎样的?

(2)同学、朋友对你的评价是怎样的?

(3)你对自己的评价是怎样的?

第五课

挖掘尘封已久的"真我"

当你看到这段文字，说明你已经是一个非常努力的学员。你从第一课坚持到今天，我要向你表示祝贺！

我要告诉你：

大部分人高考都会失利、创业都会失败、婚姻都有坎坷、工作都会有迷茫、投资都会赔钱，大部分人都缺钱。每个人都经历过失败，每个人都曾经害怕过。生活常常让我们一地鸡毛，你是选择坐在地上痛哭，还是选择就地扎个鸡毛掸子？学习当然会带来压力，你是选择躲避在巢洞里浑身颤抖？还是展翅飞翔？如果你读到以上文字，我要特别恭喜你！

上天不会把一切最好的给你，总会给你一些向往，这个向往的过程就叫作经历。经历伴随着失败，失败产生胆怯和恐惧，战胜胆怯和恐惧就是成长。成长，是自我认知的完善，自我价值的肯定，进而产生一系列积极的情绪，形成积极的心理，建立起内在驱动力，进而又不自觉地把积极的情绪和思维投射到现实本身。

现在,你需要关闭小鸡模式,开启你鹰的属性。

一、那个被遗忘的"真我"

有时,你并不喜欢镜子里的自己,他并非你生活的本体。还有一个"我",是镜子里折射不出来的,就是那个被遗忘的"真我"。**每个人都有一个不为人知的"真我",这个"真我"就隐藏在你的内心。它像一粒种子,只是这粒种子很小,不容易被发现,如果你不重视它,它很快就会消失。有些人终其一生都没有真正地认识这个"真我"。**

▲ 隐藏在你内心的"真我"

你体会一下:

白天的你和晚上的你是有差异的,在学校里的你和在家的你是不一样的,在人前的你和关在房间里的你是不同的,外面

第五课
挖掘尘封已久的"真我"

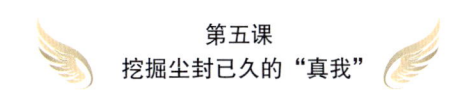

的你和里面的你是不一样的。

我来分析一下你与父母的关系：

你外面的行为是这样的：妈妈不断的提醒加重了你的担忧，爸爸企盼的目光加重了你的恐惧。父母的说教让你感到心烦意乱，生活的空间变得越来越小。你不想回家，就算回到家，也喜欢一个人躲在房间里。你情愿饿着，也不愿意和父母一起吃饭。

你的情绪是这样的：你很想把自己真实的内心告诉父母，可是话到嘴边又咽了回去。

你知道爸爸说的是对的，他讲的没有错。但是，父母给的压力让你喘不过气来。有一次，你历史考试获得过全班第一，当你拿到成绩的时候，心情特别愉悦。你渴望获得爸爸的鼓励，他却意味深长地告诉你："如果每门功课都能这样该多好呀。"每次你和爸爸妈妈发完脾气，心里都特别难受。有时候，你会和父母无理取闹，你知道他们特别爱你，他们离不开你。

有一个声音这样告诉你：天下父母都是为了孩子好，父母在乎你的成绩是人之常情。你生病的时候，妈妈坐在病床前三天没有合眼。"这个世界只有妈妈对我最好。"这个想法出现过，只是你没有注意，这就是那个"真我"！

我再来分析一下你学习的压力：

你外面的行为是这样的：学习提不起精神，上课无法集中精力，考试成绩是全班比较差的。只要一想到去学校，头就痛得很厉害，你不喜欢老师，常常顶撞老师。上课的时候，要么烦躁不安，要么打瞌睡。回到家面对各种作业，无法安静下来

完成。

你内心是这样的：我的自控力不行，高中能毕业就算不错了。我无法考上大学，既然考不上大学，在学校就是在浪费时间。明明想读书，但就是读不进去。你反感老师填鸭式的教学，学习没有方向。每次玩游戏的时候都很开心，但是，放下手机又会后悔。

有时，也有一个声音这样告诉你：其实你是有价值的，你不需要和其他同学去比。上初中的时候，你历史考试还获得过全班第一，这让你对历史特别感兴趣，喜欢阅读战争类的书籍。有一次，学校举办演讲比赛，你是第一个报名参加的。学校运动会，你拿过长跑第三名。你完全可以做得更好！这个声音反复提醒过你，只是你没有留意。这就是那个"真我"！

好好回忆一下，这个"真我"其实经常出现在你的思想里。你起床的时候，走路的时候，考试的时候，面对父母、老师、同学的时候。

想起来了吗？

二、真实沉没在大海里

我们来看第一种情况。现在要选举一名领袖，而你这一票很关键，下面是这两个候选人的情况。

候选人A：

他常常跟一些不诚实的政客往来，而且会星象占卜。他上大学时吸过鸦片，是个老烟枪，有被学校警告的记录。他常常睡到中午才起来，每天傍晚会喝一大杯威士忌，还有过婚外情。

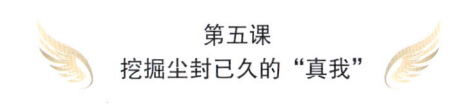

第五课
挖掘尘封已久的"真我"

候选人 B：

他是一位受勋的战斗英雄，素食主义，不抽烟，只偶尔喝一点啤酒，从没有发生过婚外情。

请问：你会在这两个候选人中选择谁？

我们再来看第二种情况。一个女人怀孕了，她已经生了八个孩子，其中有三个耳朵聋、两个眼睛瞎、一个智能不足，而这个女人还有梅毒。

请问：你建议这个妇女堕胎还是继续生下那个孩子？

这个问题还要考虑吗？从优生优育的角度，生那么多有问题的孩子是给自己添麻烦。同样的，你当然不会把选票投给一个老烟枪，更何况他还有过婚外情。

但实际情况是：那个已经生了八个有问题孩子的女人，又生了第九个孩子，她就是贝多芬的母亲。你讨厌的老烟枪就是温斯顿·丘吉尔，而候选人 B 是亚道夫·希特勒。我们以为自己的选择很正确，结果我们扼杀了贝多芬，却选择了希特勒。

一艘游轮遭遇海难，船上有一对夫妻，好不容易来到救生艇前，艇上却只剩一个位子。这时，男人把女人推向身后，独自上了救生艇。女人在渐沉的游轮上向男人喊了一句话。

你猜：女人喊的是什么？

男人回到家乡，独自抚养女儿长大。多年后，男人病故了。女儿在整理衣物时发现了父亲的日记。原来母亲和父亲乘坐游轮时，母亲已患了绝症。在关键时刻，父亲冲向了那唯一的生机。他在日记中写道：我多想和你一起沉入海底，可我不能，为了我们的女儿，我只能让你一个人长眠在深深的海底。

当年，女人向男人喊的那句话是："照顾好我们的孩子。"

人世间的对与错，有时错综复杂，难以分辨。所以，不要用既定的价值观来思考事物，轻易做出判断，不要用今天的现状去判断你的未来。

父母、老师、朋友，几乎没有人了解你的那个"真我"。许多时候，他们看到的只是你的表现，对于那个"真我"并不了解。问题是：你自己也同样不了解那个"真我"，也从没有真正地关心过它。

那个"真我"渐渐地消失了，本该长大的翅膀开始萎缩了，你鹰的属性渐渐地关闭了。面对风暴的时候，你变得无所适从，遇到问题就逃避成为你的一种习惯。

三、向"真我"说声抱歉

当你开启小鸡模式的时候，认知所传达的信息注定是不可能飞上天的，满地找昆虫吃就是你的宿命。现在，你需要开启鹰的模式，挖掘出里边的"真我"，还原你鹰的本质！

请认真阅读以下文字：

完成任何一件事情，总比你估计的要多花点时间。

每个问题解决之后，都会衍生出新的问题。

面包掉在地毯上的时候，涂果酱的一面与没有涂果酱的一面着地的概率是一样的。

东西总是在你最后去找的地方被发现。

你最好的分数一定是你一个人的时候得到的。

在你做完这件事情之后，总能发现还有一个更便捷的方法。

第五课
挖掘尘封已久的"真我"

窗户擦不干净的总是在另一面。

没什么东西可以按计划或预算完成。

一项任务在完成前会因为一个微不足道的细节而中断。

离截止日期越近,为达到目标而需完成的工作会越多。

小鸡模式的开启,让真实离你越来越远。"真我"被一层虚假所埋没。你曾经被某些人、某些事影响,对自己变得没有信心。你当然不敢面对自己的软弱,逃避就成为常态。

当你还原鹰的本质,挖掘出里边的"真我",当你的"真我"强大起来的时候,"真我"就战胜了镜子里的那个"我"。你脸上的那道伤痕不见了,墨菲定律对于外面那个"我"是适用的,但是,对于里面那个"真我"是不适用的。换句话说,当你的"真我"渐渐成长的时候,墨菲定律就已经不再适用你了。

现在,请向你的"真我"说声:对不起!

跟"真我"道歉

四、比你的表现好一百倍的那个"真我"

事实上,每一个人都有一个比自己的表现要好一百倍的"真我"。

人类最大的损失,不是来自水灾、火灾,不是来自横扫多国的疫疾,不是地震或龙卷风,也不是华尔街资本市场的崩盘。人类最大的损失,是成千上万的人把他们的才华,无声无息地带进坟墓。

天生我材必有用,上天对每个人都有一个特别的计划,一个精心的设计,一个完美的打造。你越是认识自己,你对这个计划就越明白。你越是认识自己,你对这个精心的设计就越珍爱。你越是认识自己,你才能喜欢这个完美的打造。这个特别的设计,就是你里面的那个"真我",你的"真我"比外面的表现要优秀得多。

当小鸡模式关闭之后,你赶上地铁的次数开始增加;你不会因为赶不上电梯而不安,等待电梯片刻的安静,让你想到了一个难解的考试题;自己多看了几眼的课本内容,就蓦然出现在考试题里。

当小鸡模式关闭之后,你的情绪不会被老师的目光左右,你不再纠结于能否考上大学,因为你已经在努力的路上。

小鸡模式的关闭,意味着鹰模式的开启。勇敢面对自己的软弱,承认自己的错误,是你最大力量的源泉,正视错误的你将得到错误以外的东西。

马克·吐温曾经这样说:"人生中最重要的两天,是你出

第五课
挖掘尘封已久的"真我"

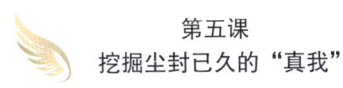

▲ 关闭小鸡模式，开启鹰模式

生的那一天和你弄清自己为何而活的那一天。"出生的那一天，我们获得了生命；弄清自己为何而活的那一天，我们认识了自己。今天就是你最重要的那一天，你需要重新认识自己，还原你鹰的本质，把那尘封已久的"真我"挖掘出来。

你需要对"真我"加以了解、认知、挖掘和使用。然而，挖掘尘封已久的"真我"并不是一件容易的事情，需要付出辛苦的汗水和时间。你的努力远比课程本身重要，我喜欢你的那个"真我"！

一切伟大的思想，从一个微不足道的行动开始。今天你已经践行了这个行动。

也许，你应该尝试参加高考！是的，结果并不重要。

五、课后作业

1. 背诵

人生中最重要的两天,是你出生的那一天和你弄清自己为何而活的那一天。——马克·吐温

2. 朗读课文

3. 自我评估

(1)你具有哪些优秀的品格?

(2)你具有哪些积极的心态?

第六课

挑战原来的自我

现在,我郑重地宣布:我们发现了一座价值连城的金矿,初步探明品位含金量高达 200g/t。这个金矿地处深山老林,地势崎岖陡峭,人烟稀少不通道路,开采的成本极高。但是,我们研究之后还是决定投资开采这座金矿。

这座金矿就是你,你就是这座金矿!

▶ 你就是这座金矿

借双翅膀飞上天

你的出生本身就是个奇迹,特殊的经历构成了特别的你。在你的脸上荡漾着青春的朝气,眼睛里透着善良和梦想,气质里藏着你读过的书,结结巴巴的话语让我看到了希望。

现在,请你走到镜子面前,告诉镜子里的那个自己:**我是独一无二的!我是无价之宝。**

这个主题,不仅在嘴上,还要在你的骨子里,在你的行动上,更要在你的心里。

过去没有人看好这片荒芜的土地,埋在沙土里的你也以为自己就是一只无所事事的小鸡。当挖掘机开始震动的时候,人们才发现:你的内里蕴藏着许多宝藏。

当然,开采这座金矿是件非常艰难的工程,挖掘你的"真我"会引起你的反抗,准备飞上天的你毕竟还要经过许多风雨。庆幸的是,你终于爬到了山顶,在高高的山峰上找到了一块合适的地方,未来的蜕变将在这里发生。显然,你已经准备好了,尽管,有些精疲力尽。

一、莫名其妙的精疲力尽

恕我直言,并不是每个人都看好你,包括你的父母。曾经的挫败让你优秀的品格遗失了,众人的嘲笑让你把天赋深深地埋藏,信心在每次考试之后消失得无影无踪。

由于受到峰终定律的影响,你误以为自己就是一个失败者,误以为自己是一个没有价值的人,误以为考题总是出在没念的那几页课本。排队买东西时,另外一队总比自己这一队动得快。赶到地铁站时,列车总是缓缓地驶出。

第六课
挑战原来的自我

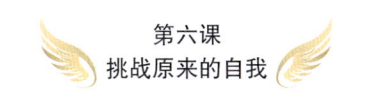

一种思想正在传递着一种信息,这种信息导致一种现象,让看起来偶然轻微的过错无限地扩展。渐渐地,一想到高考,你就有一种莫名其妙的担忧。情绪上的沮丧会引发无力感,久而久之,百无聊赖就成了一种常态。有时,一天下来,即便什么都没做也觉得好累。

我们来梳理一下你曾经发生的事情。

有时,你能体会学习带来的快乐。你坚信:"只要我愿意是可以取得好成绩的。"但是,因为一点小事,这种信心转眼就消失了。"哥哥高中毕业的时候,把学习成绩单撕得粉碎。我并没有哥哥聪明,他都考不上大学更何况我呢?可是,我有自己的优势,我的理解力不错,想象力丰富。算了吧!我还不如哥哥呢,再努力也没有用。"

有时,你会突然欣赏起自己,学校演讲比赛,你是第一个报名的。老师在班里一再表扬你,老师当时是这样说的:"无论结果如何,勇敢报名本身就是结果。"老师的鼓励让你很开心,你发现自己真的很勇敢。

有一天早晨,你头有些发沉,实在想多休息一会。妈妈喊你起床,对你头痛表示怀疑。爸爸直截了当地说:"不要拿头痛当借口。"奇怪的是,从那天开始,你只要一想到考试,头就真的痛了起来,你对学习产生了恐惧。

有时,你觉得镜子里的自己挺不错;有时,你又特别讨厌镜子里的自己。这两种想法反复交替出现,让你内心很纠结。躺在床上,你总是精疲力尽。妈妈担心你心理出了问题,想带你去看心理医生。

二、不为人知的情绪劳动

美国心理学家柴尔德研究发现：人除了体力劳动和脑力劳动之外，还有第三种劳动，叫作情绪劳动。情绪劳动是指内心深处毫无意义的挣扎，通俗地讲就是一个人内心的冲突。情绪劳动造成做事和学习无法集中精力，情绪上的波动造成与他人关系紧张。伴随着青春期的生理、心理、学习的压力，这种挣扎常常被当事人忽略，外人又看不出来，却极大地消耗你的能量。

▲ 情绪劳动

我来梳理一下你的内心冲突：

"我只要努力，考上大学是没有问题的。可是，我考试常常紧张。

第六课
挑战原来的自我

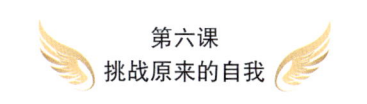

"我认真学习、复习到位,考试就会考出好成绩。可是,我为什么常常丢三落四。

"我一定和父母好好交流,要得到他们的理解。可是,我就是受不了妈妈的唠叨,我常常控制不住自己的脾气。

"我必须放下手机,游戏真的太浪费时间。可是,游戏真的给我带来许多快乐,我控制不住自己。"

内心冲突带来情绪上的混乱,你竭力控制自己的情绪,绞尽脑汁去处理情绪带来的后果。你需要一边学习一边想着怎么处理与父母、同学、老师的关系。放学回到家,你累到不想说话。躺在床上,依然精疲力尽。为了压抑这种内心冲突,你不得不撒谎、逃避,或者干脆闭口不言。

这个时候,游戏走进了你的世界。当你一个人安静地刷剧、打游戏的时候,内心冲突得到了缓解。正如前面你讲的那样,最初只是想放松一下紧张的情绪,缓解一下内心的焦虑。你很快在游戏里找到了快乐的自己。压力没有了,内心的忧虑不见了。可是,游戏之后,内心冲突带来的不安情绪非但没有消失,反而更加严重了。

体力劳动的修复,只要美美地吃上一餐,好好地睡上一觉就可以。脑力劳动是知识的输出与输入,应用好学习就能事半功倍。大脑被经常使用,人会变得更聪明。体力劳动和脑力劳动的消耗只需要一段时间就能恢复。

情绪劳动的修复却没有那么简单。如果游戏能够解决内心冲突,你就不会在游戏之后更加烦躁,对任何事情都提不起精神。这一点,你比我还清楚。

三、你需要知道的多巴胺

2000年度诺贝尔医学奖获得者，瑞典哥德堡大学卡尔森教授经过多年研究发现，大脑会分泌一种叫多巴胺（Dopamine）的物质。多巴胺直接影响人的情绪，影响人对事物的快乐感受，把亢奋和快感的信息传递给大脑，这种兴奋可以使人上瘾。

当你玩游戏的时候，大脑分泌让你快乐的多巴胺。久而久之，形成了一种奖赏系统。你兴奋，就给你快乐做奖赏。多巴胺的奖赏机制就是，你一局打完还想再打下一局，给你饥渴感，却不给你满足感。让你产生的饥渴感远大于满足感，期望下一局会更爽，网瘾就是这样形成的。

▲ 多巴胺

但是，这种快乐的物质不能源源不断地分泌，这种物质是会透支的。随着多巴胺的减少，感觉从兴奋变得麻木。内心冲

第六课
挑战原来的自我

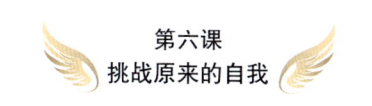

突非但没有消失,反而更加严重了。每次打游戏之后是更加心烦意乱,这个时候,父母只要多说两句,你就会火冒三丈。

显然,游戏不能给你带来真正的快乐,你被兴奋的奖励系统奴役,如同在干燥的沙砾中汲取并不存在的水分。你走进了一个恶性的循环。

我无意责备你,其实,人们或多或少都会受到多巴胺的影响,例如,你的妈妈。

研究显示,购物同样会带给人快乐,这与多巴胺有关系。琳琅满目的商品和对购物收获的期待,可以使多巴胺浓度上升,甚至超过了实际收获时的兴奋。即使只逛不买也会令人感觉很有乐趣,所以,你的妈妈特别喜欢去商店。

你发现,妈妈兴奋时买的衣服,回到家却很少穿。因为当购物完成之后,多巴胺的浓度会迅速下降,你的妈妈再看那件衣服的时候,已经没有了当时兴奋的感觉。所以,女人冲动购物,罪魁祸首是多巴胺。

还有你的爸爸,男人喝酒同样是会上瘾的,哥哥抽烟也是一种上瘾。当爸爸责备你经常玩游戏的时候,妈妈也在责备爸爸常常去喝酒,多巴胺影响着我们每一个人。

同样的,每个人内心都会有冲突,只是表现的程度不一样。为了修复内心冲突带来的影响,人们寻找了各种方法:抽烟、喝酒、购物、追剧,当然还有游戏。长时间打游戏就像是一把勺子慢慢将身体掏空,你的食欲大减,大脑变得更加疲惫,极大地消耗你的精力。

父母因为手机多次与你发生矛盾。爸爸砸过你的手机,妈

妈断了家里的网络。最后,你近乎疯狂的举动让他们屈服了,他们再也不敢管你了。

你爸爸第一次见到我的时候,握着我的手,含着眼泪说:老师,救救我的孩子吧?游戏把我的孩子毁了。

其实,每个年代都需要一个东西来替失败的教育背锅。20世纪80年代,我们说暴力影片毁掉了下一代;90年代,我们说早恋毁掉了下一代。21世纪00年代,我们说计算机毁掉了下一代;10年代,我们说游戏毁掉了下一代。没有什么能毁掉下一代,除了失败的教育。

世界上没有失败的孩子,只有失败的教育。

四、你需要体验内啡肽

我们需要像剥洋葱一样,来梳理你的内心。

你是全班第一个报名参加演讲比赛的,老师对你的鼓励让你很开心,愉悦的心情让你表现出勇敢的一面。

有一次,你历史考试获得过全班第一,拿到成绩的时候,同学们投来敬佩的目光,这让你体会到学习的快乐。那一刻,心情特别愉悦,这也是你至今特别喜欢历史的原因。

有一次,学校运动会你获得长跑第三名。起初,你感觉体力不支,但跑到一半,你越跑越有力气,产生了一种莫名其妙的愉悦。这以后,你常常和同学比赛跑步。

有时候,你会突然欣赏起自己,感觉镜子里的自己还挺不错的,那一刻,你会产生几分愉悦。

研究发现:这种愉悦是由大脑的"内啡肽"提供的。内啡

第六课
挑战原来的自我

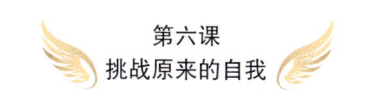

肽的产生是体力劳动和脑力劳动努力的结果,宝贵而又稀少,需要付出辛苦之后才能体验到的。内啡肽能够调整不良情绪,提高免疫力,强化记忆,使人处于轻松愉悦的状态中,具有成就感。

▲ 内啡肽

  分泌内啡肽需要一定的运动强度和时间,跑步、爬山、辛勤工作、努力学习之后都能获得内啡肽。大脑给你的奖励是辛苦之后的欢愉,这个奖励让你建立起许多好的习惯。

  你想一下,这些行为之后产生的愉悦和玩游戏产生的快感有什么不一样?

  12年寒窗苦读的学子接到大学录取通知书的那一刻,如果抽取他的血样进行检测,内啡肽的含量一定超标。历经磨难久别重逢的情侣,相逢那一刻,他们的内啡肽一定也超标。爱迪

生为了研制电灯，试验了近 1600 种材料，在研制成功的那一刻，爱迪生的内啡肽一定超标。内啡肽是补偿机制：做一件事当时感觉很难，补偿一下，让你产生快感，可以坚持做下去。

我们来对比一下内啡肽与多巴胺：

运动会上，你坚持跑到一半之后，越跑越有力气，产生了一种莫名其妙的愉悦。这种愉悦源于内啡肽，让你养成了喜欢跑步的习惯。

你玩了一天游戏，该睡了，可是你就是放不下。你的快乐得不到满足，必须要进行下一局。这是多巴胺造成的，多巴胺消失之后，你开始后悔、自责、空虚。

报名参加演讲比赛，你展示了勇敢的一面，愉悦的心情源于内啡肽。如果学校再举办演讲比赛，你还会第一个报名参加。

你赖在床上不想去学校，起初感觉很开心，当天可以不用面对老师了，这是多巴胺在起作用。在街上闲逛的时候，无意中碰到了同学，你赶忙躲开了，产生了失落感。

现在，我们来做一个实验：

请走到镜子前，告诉镜子里的自己："其实，我挺优秀的，我不仅善良而且勇敢，我是个有价值的人。"

你做了吗？有愉悦的感觉吗？体会不深？

好吧，现在，按照我要求，请你再次走到镜子前，大声地宣告："我很优秀，我不仅善良而且很勇敢，我是个有价值的人，我是独一无二的。从今天起，我要学会相信自己，欣赏自己。我的梦想一定能够实现！"

声音再大一点。

第六课
挑战原来的自我

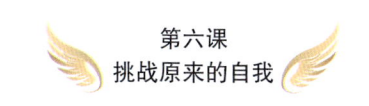

还想继续对自己说点什么?

体会一下,离开镜子那一瞬间的感觉?当你这样宣告之后,你的内啡肽浓度会增加,尽管只有一点点。如果你愿意,坚持每天提醒自己:我是一只鹰,我里面的真我要满血复活!

把这个微小的举动形成一种习惯。

五、课后作业

1. 背诵

我是无价之宝,我是独一无二的。

2. 朗读课文

3. 思考

在学习上取得好成绩时获得的愉悦感和玩游戏时产生的快感有什么不一样?

4. 自我评估

你有哪些情绪劳动?具体的表现是什么?

5. 师生互动

和老师一起讨论戒掉网瘾的办法。

第七课

拥抱另一个"真我"

在上一课的作业里，我要求你走到镜子前，告诉自己："我很优秀，我不仅善良而且很勇敢，我是个有价值的人，我是独一无二的。"你做了吗？

从今天起，你要学会相信自己，欣赏自己。当你确认自己是一只鹰的时候，意味着已经开启了鹰的行为模式。这让你敢于面对自己的软弱，不再隐瞒自己的问题，挑战自我，不再逃避。承认错误是一个人最大的力量源泉，正视错误的人将得到错误以外的东西。承认错误需要勇气，勇气来自你对自己身份的确定。因为你是一座金矿，才能引来大量的投资人；因为你是一只鹰，才能在暴风雨中翱翔。

你勇敢的行为让父母感到意外，老师隐隐约约发现了你的改变，小燕在偷偷地关注你。你和同学的关系开始变得融洽起来。金矿的位置已经确定好，开采的设备已经运进工地，我们将如何开采挖掘呢？

借双翅膀飞上天

你就像站在高山上,准备蜕变的那只雄鹰!

一、应该做的与可以做的事情

请拿出一张纸,写下你应该做到的事情。

我应该好好学习,应该按时起床,应该听父母的话,应该刻苦学习。

还有吗?你想继续写下去吗?写这个题目时,你是毫不犹豫还是犹犹豫豫呢?大部分人在写这个题目时,通常会洋洋洒洒地写下许多。为什么?因为他们对自己不满意,觉得自己做得不够好。所以,应该做得更好,才能让别人对自己满意。

"应该"是外部强加给你的。

妈妈说:"你应该准时起床。"老师说:"你应该努力学习。"同学说:"你应该说话温柔。"每一个"应该"对你来说都是一次自我否定。暗含着一个怀疑:"你为什么做不到?"自我否定的人,无论做什么,结果都有可能是错的。

我们尝试用"可以"来替换"应该"。

我可以好好学习,可以每天早起,可以孝顺父母,可以刻苦学习,可以考试有个好成绩,生活可以有规律,可以礼貌待人,可以放下手机游戏。

还有吗?

感觉是否不太一样?

"可以"给我们提供了一个选择,而不是必须。不是外部加给你的,是你自己想做的。这是内在的力量,我们称为内驱力。这种内驱力告诉我们:"如果我没有做到,是我自己的责任而不是他人的责任。"

第七课
拥抱另一个"真我"

▲ 内驱力

还记得前面讲过的"墨菲定律"吗?

当我们害怕一件事情发生的时候,就想方设法避免事态往这个方向发展。其结果是,越害怕发生的事情就越有可能发生。因为害怕所以会非常在意,越在意就越容易犯错误。所以,请远离消极思想,把注意力放在积极的事情上面。

你为丢三落四而担心的时候,不妨告诉自己:"我会越来越规范、越来越认真。"你害怕控制不住脾气时,不妨告诉自己:"我可以成为一个温柔的人,让别人感受我真诚的一面。我当然可以放下手机,游戏不能控制我。我不需要担心赶不上地铁,这一班走了,下一班正在为我而来。"

从今天开始,你要把注意力放在积极的事情上面。我们来做一个练习,请大声做出这样的宣告:

◎我具备坚忍的品格,永不放弃的精神。

◎我是有度量的，能倾听别人的想法，跟我相处会很愉快。

◎我做事认真，可以聚精会神地学习。

◎我拥有感恩、诚实、自律的品格。

◎我具有很强的自控力，我可以不被游戏控制。

宣告不仅是一种语言，还是一种能力。语言的自我肯定强化你的内心，积极的话语带来积极的思想，进而缓解并消除内心冲突。

每天说积极的话语，哪怕只有一点点。让这个举动形成一种习惯，你已经走在蜕变的路上了。

二、拥抱镜子里面的那个"真我"

内心冲突典型的表现就是自我肯定与自我否定。这让你有时觉得镜子里的自己很讨厌，有时又觉得还不错。现实中你与他人的冲突，其实就是与自己的冲突。进而造成了身体与心灵的冲突，理想与现实的冲突。对他人的不满、指责和抱怨，内心深处是对自己的不满、不接纳、不自信。

当一个人征服不了内心的时候，就会渴望被别人来征服。当一个人做不了自己主人的时候，就会花时间去找寻自己的主人，游戏就这样主宰了你的生活。

你的内心曾隐约这样说："你是有价值的，你不需要和其他同学去比，你的天赋是独一无二的。"这个声音反复提醒过你、安慰过你、鼓励过你，这就是那个"真我"。这个"真我"经常出现在你起床，走路，考试，面对父母、老师、同学的时候。这个"真我"像一粒种子，只是这粒种子很小，不容易被发现，

第七课
拥抱另一个"真我"

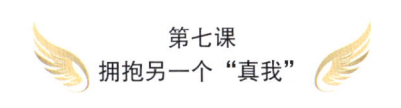

你如果不重视,它很快就会消失了。

今天,你要重视这个"真我",与这个"真我"和解。在所有的关系中,最重要的是与自己的关系,要讨好里边的"真我",给"真我"成长的环境。缓解情绪劳动就是与自己和解,内心冲突的修复就是与自己和解,与他人和解之前,先要学会与自己和解。

现在,你再去看看镜子里的自己,用"真我"去看看他。你会蓦然发现那个长满青春痘的脸充满了朝气,不大的眼睛里充满了希望,身体充满了青春的活力。你要对自己说:"或许我常常词不达意,但是有着出色的行动力。或许我能力一般,但是可以努力。或许我很普通,但有着良好的品行,这足以得到大家的尊重。"

当你真正懂得欣赏自己的时候,才可能去欣赏别人。喜欢自己比喜欢别人更不容易,了解自己比了解别人更困难。只有拥抱自己,世界才会敞开怀抱接纳你。

你曾经向"真我"说过:"对不起!"

现在,你要好好的去拥抱他。"真我"值得你好好爱他。与"真我"和解,标志着你的觉醒。开发你大脑智慧的1%,将获得一个突飞猛进的飞跃,你的"真我"在觉醒中一天天长大,一个优秀、善良、刚毅的你将在这里脱

拥抱镜子里的"真我"
▶

颖而出！

每天与自己和解，哪怕只有一点点，让这个行为形成一种习惯，你已经走在蜕变的路上。

三、其实没有几个人欣赏你

小伙子，我非常欣赏你，但真实的情况是，没有几个人真正欣赏你。

罗森塔尔教授做过这样一个实验。他从一年级至六年级各选100名学生，进行"未来发展的测验"。将被认为"有潜力"的学生通知教师。其实，这个名单并不是根据测验结果确定的，只是随机抽取。它是以"权威性"来暗示教师，从而调动教师对名单上学生的期待。8个月后，测验的结果发现，名单上的学生成绩普遍得到提高，教师也给了他们良好的品行评语。

实践表明：如果教师喜爱某些学生，对他们抱有较高期望。学生感受到教师的关怀、爱护和鼓励，就会更加自尊、自信，学习更加努力，拥有积极向上的态度，这些学生会取得教师所期望的进步。相反，那些被教师忽视的学生，久而久之会从教师的言谈举止、表情中感受到教师的"偏心"，会以消极的态度对待自己，渐渐地沦落为"差生"。

人们把这种现象称为"罗森塔尔效应"。

恕我直言，这个世界欣赏你的人实在不多。你现在就处在被老师忽视的团队中。就你目前的学习成绩，老师对你并不看好。你的父母非常爱你，但是，他们对你更多的是要求。他们

第七课
拥抱另一个"真我"

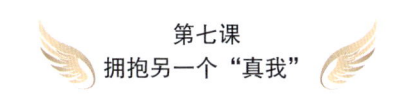

▲ 罗森塔尔效应

对你充满了希望，希望中夹杂着失望。当我要求他们学会去欣赏你的时候，他们一脸的茫然："他这样的表现，我该欣赏他什么呢？"

你十分渴望获得老师的肯定、父母的欣赏，为了博得大家对你的认可，你努力行动过，你在乎别人的看法。

过去，你对自己的认知是建立在他人的基础上，借助别人的语言来判断自己的行为，借助别人的目光来审查自己的能力。我们在前面记忆伤痕的实验里，已经确认，你脸上没有那道血肉模糊的伤痕。相反的，你是一个充满青春活力，有着出色行动力，拥有良好品行的小伙子。

现在，你对自己的认知是正确的，你是一只正在蜕变的雄鹰！至于别人对你的评价，请不要太在意。不要一味地讨好别人委屈自己，发生在自己身上99%的事情都与别人无关。尽管没有几个人会欣赏你，没有几个人会真的懂你，但是你一定要

学会自己欣赏自己。

人与人之间只能理解共性，无法理解彼此的个性；只能理解共同利益，无法理解各自的利益。所以，人们互不理解本身是正常的事情。人与人之间的交往出现问题，并非出在不能互相理解上，而是出在视"不理解"为不正常上。

每个人都是从自己的想法出发，最终的结果还是需要自己来承担。

朋友们不理解你是正常的，老师、同学不理解你是正常的，连你的父母也无法真正理解你。你周围80%的人只是认识你，10%的人是想利用你，6%的人讨厌你、3%的人喜欢你，只有1%的人懂你。真正懂你的人，恰恰很少和你在一起。

所以，请建立自我欣赏体系。

自我欣赏包括两个层面的意思：允许别人和我不一样，允许我和别人不一样。理解了前半句，你学会了包容。理解了后半句，你活出了自我。

允许别人和自己不一样，是包容别人与自己的不同。不管你多么优秀，总有不如别人的地方。所以，允许别人和自己不一样，是包容了自己的狭隘，你懂得了理解与接纳。

允许自己和别人不一样，是告诉自己，要接纳自己和别人的不同。你知道自己的天赋，知道哪些是自己擅长的，哪些是自己的软肋。但你不能小看自己，毕竟你是独一无二的。

自我欣赏体系，将许多事情变成了"可以"。这不是父母、老师外加给你的，是你自己想做的。自我欣赏将里面的内驱力建立起来，放下对别人的关注和期待，更多地把时间和爱留给

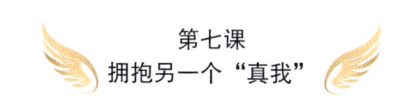

自己。当重心转移到自己身上,你才能活出最闪耀的人生。

让自我欣赏形成一种习惯,哪怕只有一点点,你已经走在蜕变的路上了。

四、你觉得值得去做吗

每天说积极的话语,是为了远离消极的思想,把注意力放在积极的事情上面,进而缓解并消除内心冲突。为了开采你这座金矿,你觉得值得去这样做吗?

学会每天与自己和解,是为了重视"真我",给"真我"成长的环境。缓解情绪劳动和内心冲突就是与自己和解。这标志着"真我"在觉醒中一天天长大。为了开采你这座金矿,你觉得值得去这样做吗?

尽管我非常欣赏你,但真实的情况是没有几个人欣赏你。所以,你要对自己有明确的认知,你是一只正在蜕变的雄鹰,与别人的评价无关。自我欣赏体系,将许多事情变成了"可以"。为了开采你这座金矿,你觉得值得去这样做吗?

心理学上有一个"不值得定律",是指不值得做的事情,就不值得做好。这个定律告诉人们:一个人如果从事一份自认为不值得做的事情,往往会敷衍了事。即使成功,也不觉得有多大的成就感。如果是在做自认为值得的事情,则每一个进展都是有意义的,会尽全力去实现它。

"值得"与"不值得"取决于你自己。这个世界没有人逼迫你,正像没有几个人理解你一样。当没有人逼迫你时,你需要自己逼迫自己,因为真正的改变是自己想改变。

对了，还记得你的承诺吗？

人生就是由一个又一个选择形成的，不同的选择会有不同的结果。走出陷阱的前提是你准备选择改变。改变从哪里开始？改变，就从今天开始，从你的承诺开始。把你的承诺再认真地读一遍。

"值得"与"不值得"的距离有多远，在于我们内心如何衡量。习惯性的内驱力正在形成，为了开采你这座金矿，我觉得你值得去做！

五、课后作业

1. 背诵

每天说积极的话语，是为了远离消极的思想，把注意力放在积极的事情上面，进而缓解并消除内心冲突。

2. 朗读课文

3. 思考

（1）你的"真我"是什么样子的？

（2）如何与自己和解？

4. 自我评估

你欣赏自己的哪些部分？请举例说明。

第八课

习惯改变你的命运

蜕变是一点一滴，且是渐进式的，毕竟，你每天都在改变。

你的妈妈兴奋地告诉我："自从学习了老师的课程，我们和孩子之间的关系开始发生了改变，孩子愿意和我们交流了，作息时间变得有规律了。当然，最大的改变还是我们夫妻，我学会赞美先生了，他对孩子的态度也变了。老师，您说得对，世界上没有失败的孩子，只有失败的教育。"

当你将自我认知与自我挑战、自我欣赏与良好习惯融合在一起，渐渐地就形成一个自律的"我"。尽管有时你还会抱怨，还会在意别人的眼光，自我欣赏体系出现意外崩塌，还会用低维度的视角来判断自己，甚至怀疑脸上那道血肉模糊的伤痕。

但是，你已经走在了改变的路上。

我在第二课这样告诉过你："阅读只是让你了解，练习则让你养成习惯，一个习惯会变成你的性格，性格会改变你的命运。

每一个看似微不足道的习惯,都会在某个时刻影响你的人生。命运的改变,需要培养良好习惯。"

你的教练老师每天都在询问:"今天完成作业了吗?"他不是在教导你做什么或不做什么,他只是在督促你,再督促你。直到你由需要被提醒发展到不需要提醒就能主动行动,进而形成一种习惯。

一、重复操作而固定的行为模式

什么是习惯?习惯就是重复操作而固定下来的行为模式。

一个良好的习惯会让你终身受益,而一个不好的习惯则让你一生为此买单,一生坎坷就在所难免。

你不用担心考试的时候会有疏漏,你无法做到面面俱到,只要平时养成认真的好习惯,考试的时候一定会仔细审题。你受益的不仅是考试,以后走上工作岗位,你认真仔细的好习惯也会得到领导和老板的赏识。

相反地,你如果平时学习马马虎虎,考试的时候哪怕自己已经觉得非常仔细了,不认真的惯性也会让你不自觉地产生很多疏漏。等到考试成绩出来之后,你会不解地问:"我已经很认真地检查了,怎么还会出错呢?"走上工作岗位,被老板批评就是再正常不过的事了。

这就是习惯的力量。

第八课
习惯改变你的命运

◀ 习惯的力量

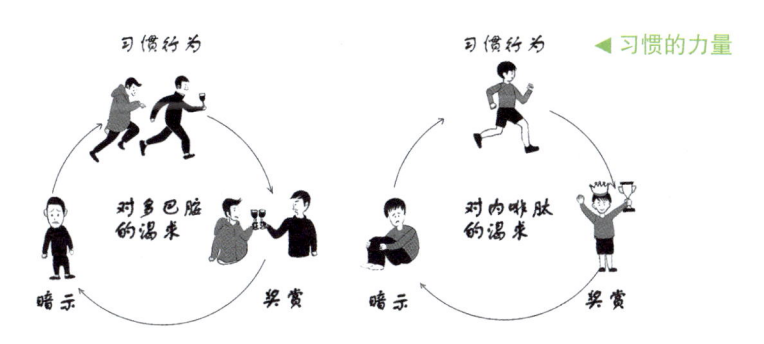

调查研究表明,在一个人一天的行为当中,约有95%的行为都是习惯性的,只有约5%属于非习惯性的。换句话说,你今天95%的行为都是昨天行为的重复,你明天95%的行为都是今天行为的延续。

如果你小时候吃饭总喜欢剩一点,长大了就不会珍惜粮食,浪费就成了一种习惯。等到创业的时候,你很可能因为这个习惯而无法聚集许多财富。

我小的时候,晚上常常看到爸爸在灯下读书,他如饥似渴的样子给我留下了深刻的印象。受爸爸的影响,我从小就喜欢读书、喜欢写作,这个习惯让我终身受益。同样的,爸爸小时候家里非常贫困,省吃俭用的习惯伴随他一生。到了晚年,家里的生活已经相当富裕,但是,他仍然沿用年轻时的生活习惯。许多节俭的做法让我无法接受。后来我才明白:那是他从小养成的习惯,与有钱没钱无关。

告诉你:你现在喜欢吃的东西,到了中年会更喜欢,到了晚年会成为你的最爱。这就是习惯的力量,重复操作而固定下来的行为模式。

你读过许多书,经历过许多事,时间一长基本就忘了。但

读过的书和经过的事已经形成了你的气质。

　　课程一开始我就一再强调：请你完成作业。为什么？一个看似简单的行动，经过反复不断地练习，就会形成一种习惯，这个微不足道的习惯，在某个时刻会不自觉地影响你。

　　每天坚持说积极话语，会形成一种习惯，最终成为你性格的一部分。

二、习惯养成的三个阶段

　　习惯的培养可以分为三个阶段。

　　第一个阶段 7—14 天。这个阶段称为"痛苦期"。需要刻意提醒自己或是被别人提醒，这个过程有些不自然、不舒服，甚至有些痛苦，内心会有较大的抵触和紧张。

　　第二个阶段 14—28 天。这个阶段称为"摇摆期"。这阶段虽然需要刻意提醒，却有些自然，有了一些舒适感，经常记得却又偶尔忘记，一不留神就会回到从前。

▲ 习惯培养的三个阶段

第八课
习惯改变你的命运

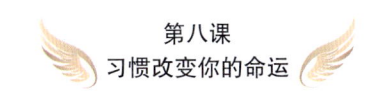

第三个阶段 28—90 天。这阶段称为"稳定期"。你一旦跨入到这个阶段，就完成了自我改造。此阶段的特征是：不经意地自然而然地完成行为，且有成就感。行为已成为生活的一部分，开始不停地为你"效劳"，这就是习惯。

课程一开始老师就反复提醒过你：老师留给你的作业，请认真地完成，这是课程重要的一个部分。如果你用 10 分钟阅读本课，那么请用 20 分钟完成作业，有些作业可能需要更长时间。任何好的课程都必须要经过实践，而你实践的关键就是完成作业。

此刻，你应该明白，良好习惯的培养需要反复且较长时间，而且良好习惯的养成一定是痛苦的。但这是一种选择，选择你所爱的，爱你所选择的。

当鹰用嘴将爪上的老甲一根根拔下去，在等待新爪子长出来的时候，暴风雨来了。没有爪子的鹰随时有可能被暴雨冲到山下，它在风雨中坚持着。当鹰用嘴将旧的羽毛一根根拔下去，等待新羽毛长出来的时候，太阳暴晒在它一丝不挂的身体上。它没有地方躲避，必须昂首面对太阳，只有这样，新的羽毛才能够成长。

用"不舒服"来描写鹰的感受是不够的，它极其痛苦。但是，它必须忍受着，等待锋利的嘴形成，等待新的爪子成长，等待新的羽毛长出来。鹰知道，为了有一天飞得更高，它必须经历 150 天的痛苦。

你的本质就是这只鹰！你已经宣告了无数次，你的宣告是有效的。因为此刻，你正在经历这样的痛苦。你在坚持按时

起床、专注学习、控制自己的脾气，你已经不再沉迷游戏。我被你的行动感动。你也被自己的行动感动："原来我可以做到。"你欣赏自己的坚持。

此前的不良习惯正被切断，良性循环开始了。让自我欣赏形成一种习惯，最终成为你性格的一部分。

三、培养专注的习惯

无聊，在高中阶段是普遍存在的，许多同学找不到学习的意义，更谈不上乐趣。每天做同样的事情，面对同样的问题，时间久了会产生倦怠。学习没有兴趣就没有热情，没有热情就很难有动力，情绪劳动消耗了你的精力。

情绪劳动使你无法集中精力学习，情绪波动又引发了你与他人关系的紧张，伴随着青春期的生理、心理、学习的压力，造成内心深处的挣扎，这种冲突极大地消耗了你的能量。

怎么办呢？

研究发现，一个人处在分心的状态，干什么都不会有效率，并很容易造成理解力下降。如果一边阅读一边发短信或是刷短视频，会让你有一种支离破碎的感觉，这种恍惚的状态是极其不舒服的。阅读质量会大大降低，与朋友无法深入交流，视频的精彩程度也会大打折扣。所以，在完成作业的时候，请专注作业本身，有意识地练习专注，把每一件事做到极致，就会发现其中的乐趣。

你是全班第一个报名参加演讲比赛的，老师的鼓励让你很愉悦，这种愉悦是付出辛苦之后体验到的。这种愉悦由大脑的

第八课
习惯改变你的命运

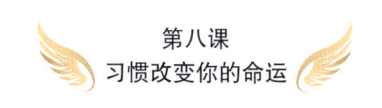

产生的内啡肽提供。这种愉悦使你变得勇敢起来,那一刻,你专注的程度为100%。勇敢就来自你的专注。

你历史考试获得全班第一,赢得了同学敬佩的目光,那一刻的愉悦,至今还在激励着你。你喜欢走进历史的长河,被西楚霸王项羽的英雄气概所感染,不禁会想:"如果他渡过乌江又会怎么样呢?"你像坐飞机一样,驰骋在历史故事的海洋,走进每一个历史故事场景。那一刻,你专注的程度为100%。喜欢历史来自你的专注。

运动会上你长跑获得第三名,在跑步的过程中,产生了莫名其妙的愉悦。这种愉悦是在跑到一半,已经精疲力尽之后出现的,这种愉悦是大脑产生的内啡肽提供的。那一刻,你只有一个念头:"我一定要跑完。"那一刻,你的专注程度为100%。喜欢跑步来自你的专注。

你体验过学习带来的快乐,有时你会突然欣赏起自己,那个时候就是你专注的时候。伴随着沉静和画面的想象,让知识流动起来是一种很好的感受,那个时候就是你专注的时候。

当你专注的时候,意外地发现,每个习惯的养成并不难。美国哈佛大学做过一项调查,

▲ 专注的习惯

阻碍人成功的因素，排在第一位的就是无法专注且三心二意。有些人在面临选择时优柔寡断，耗费了大量的时间成本，白白错失了最佳时机。而成功的人都具有专注的力量。专注当下，把每一件事做到极致。习惯，决定着我们的命运。

此前的不良习惯正被切断，良性循环开始了。专注开始形成一种习惯，最终会成为你性格的一部分。

四、成才取决于你拥有哪些习惯

习惯，伴随着你的成长，渐渐地注入生活，如果没有良好的习惯，那么坏的习惯就自然而然地侵入。小的时候，许多行为还不明显，等到进入12岁以后，良好的习惯和不好的习惯开始显示作用。培养一个良好习惯需要28天以上的重复练习，90天才会形成稳定的习惯。而改变一个不好的习惯，则需要反复不断练习5个月以上。养成一个良好的习惯不易，改掉一个坏习惯更加不易。

习惯就好比飞驰的列车，惯性使它无法停下来而一直向前冲。前方有可能是高山，也有可能是深谷。习惯就像各种软件，一旦启动就会按既定的程序演绎，命运的基石就是惯性思维。

我在前面讲过"蝴蝶效应"，起初是在不准确中产生的，什么样的结果都有可能发生。一件表面看来毫无关系、微小的事情，可能会带来巨大的效应。一个你无视的小问题，如果不加以及时修正，在以后的某一天，就会给你带来非常大的危害。

第八课
习惯改变你的命运

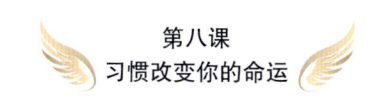

你今天一个微小的举动，一个微小的改变，只要加以正确的指导，经过一段时间的努力，就会给你带来一个巨大的转变。而一种良好习惯，远比任何外力对你的影响更富有成效。

有效改变生活的手段就是改变我们的习惯，幸运的是，你有这个能力。

五、课后作业

1. 背诵

习惯就是重复操作而固定下来的行为模式。一个良好的习惯会让你终身受益。

2. 朗读课文

3. 自我评估

（1）你有哪些良好的习惯？

（2）你有哪些不好的习惯？你决定改正哪两个？

第九课

应用天赋特质建立良好习惯

我先后写过《解读孩子心灵密码》等几本书。在这些书里，我都提到过"天赋特质"。

什么是天赋特质呢？就是你独特的个性、独特的能力、独特的思维和表达方式。

所谓《解读孩子心灵密码》就是用"天赋特质"来解读你的内心，帮助你认识自己、了解自己，找到属于自己的天赋，解读你的性格特征，发掘你的潜在能力，帮助你设计人生规划，培养你成为优秀的人才，让你做最好的自己。

许多时候，我们并不真正了解自己。

你或许会有疑问："为什么我说的话有些人一听就明白，有些人却常常误会我的意思？为什么和有些人在一起感觉很愉快，和有些人却怎么也合不来？同样一件事，有些人欣然接受，有些人却嗤之以鼻？"

每个人均有其独特的价值，没有好坏高低之分。摆错位置，就容易一事无成，放对位置，就容易成功。

一、五种不同的天赋特质

《Hello Daddy》科教体系，将天赋特质分为：目标型、分享型、耐心型、精确型以及整合型五大类型。为了便于大家理解，我用五种动物来模拟这五种不同的特质。把目标型比喻为老虎、分享型比喻为海豚、耐心型比喻为企鹅、精确型比喻为蜜蜂、整合型比喻为八爪鱼。

目标型：老虎　　分享型：海豚　　耐心型：企鹅　　精确型：蜜蜂　　整合型：八爪鱼

▲ 五种天赋特质

1. 有目标、行动迅速的老虎

老虎扑食的画面你一定见过，至少武松打虎的故事你听过。个性鲜明、目标明确的爸爸，像不像一只老虎。爸爸和你的交流简单有力，他一直在不停地提醒你：学习、认真学习、要高考了、马上要高考了。你和爸爸在一起感觉有压力。

老虎型的特质是这样：有明确的目标，不轻易放弃、不希望别人干涉，接受挑战、喜欢创新、敢于冒险；控制欲强，喜欢支配、喜欢发号施令；言谈率直，不喜欢内容重复；不认真听细节，注重结果。

第九课
应用天赋特质建立良好习惯

2. 思维跳跃、喜欢分享的海豚

在海洋馆里,跳跃的海豚是最吸引游客的。思维不停跳跃的你,特别喜欢分享,像一只停不下来的海豚。爸爸无法忍受你三天打鱼两天晒网的做法,不喜欢听你的讲话。

海豚型的特质是这样:积极乐观、跳跃思维,喜欢团队合作;需要被欣赏、有同理心;性格和善,注重人际关系、注重感觉;说服力强,擅长分享;在意别人的感受,对不同观点不轻易反对。海豚型特质的人适合从事人际导向的工作。

3. 小心谨慎、有耐心的企鹅

生活在南极的企鹅,走起路来慢慢悠悠、一摇一摆的样子。你的妈妈做事犹豫不决、不紧不慢,像不像一只可爱的企鹅?妈妈的表达爸爸常常听不懂,不知道她想表达什么。

企鹅型的特质是这样:温和迟缓、考虑周全、注重和谐、友善耐心、小心谨慎,注重团队合作、避免冲突,易持观望的态度;诚恳信赖、容忍度强;反复加以说明,倾听细节,容易被说服,是个很好的听众。

4. 一板一眼、做事认真的蜜蜂

你曾经被蜜蜂蜇过,多少有点怕它,但是你喜欢甜甜的蜂蜜。做事规矩细致的哥哥,在工作中就像一只勤劳的蜜蜂,老板格外欣赏他。但是,哥哥常常因为爸爸过于随意,和爸爸发脾气。

蜜蜂型的特质是这样:保守客观,性格稳定,不喜欢变动;按部就班、忠诚度高;处理事情精益求精,多属理性思维,讲述精准、有说服力的数据、想明白才开口,使用并接受准确的语言;拘谨含蓄,需要被欣赏肯定、对不同观点愿意讨论。

5. 善于隐藏、会整合的八爪鱼

八爪鱼有 8 个腕足，腕足上有许多吸盘，有时会喷出黑色的墨汁。每个机会都不想放过、善于隐藏内心世界的人，就像是一只不停寻觅的八爪鱼。你想抓住他的心，却发现，他只想活在自己的世界里。

八爪鱼型的特质是这样：善于利用资源，具有资源整合能力；极具适应力、不喜欢风险、具有高度的弹性、计划周详；有表达的意愿，有耐心；易隐藏自己的内心想法，不轻易表态，怕被拒绝，回避矛盾，性情中庸。

二、解读你的天赋特质

课程一开始，我就有这样告诉你："你会喜欢我这个朋友。"因为我比你更了解你自己。你当然不会拒绝一个成全你的朋友，朋友不是单纯地给予，还包括及时的赞美、得体的批评、恰当的争论、必要的鼓励、温柔的安慰、有效的督促，彼此的成全。

我十分有把握地告诉你："你会喜欢我这个朋友。"因为我比你更加了解你。今天，你身边多了我这样一位朋友，我因为有你这个朋友而感到骄傲。朋友，需要彼此成全。

美国哈佛大学调查显示，只有 23% 的人可以判断自己的天赋特质。显然，许多人对自己并不了解，你需要知道自己的天赋特质。当你真正认识自己的时候，你会清楚地知道自己的长处，发挥优势就意味着避开你的短处。

1. 老虎型的教育模式：树立明确的目标

老虎型特质的你，独立性强、敢于冒险。对你来讲榜样的

第九课
应用天赋特质建立良好习惯

力量是很重要的。适合你的教育模式是：树立教育目标，进行榜样教育、激励教育。老虎型的你，喜欢和帮助你实现目标的人做朋友。平时不太容易接受批评的言词，但是，当你在努力实现目标的过程中，对于批评是会接受的。

你需要树立明确的目标，目标越明确，越容易成功。

2. 海豚型的教育模式：提供分享的平台

海豚型特质的你，喜欢跟着感觉走，跳跃性思维强，善于分享。鼓励教育对你显得特别重要。适合你的教育模式是：寓教于乐，机会教育、激励教育。海豚型的你，喜欢听鼓励的言语。一句鼓励的话，就能激发你的内驱力。你喜欢分享，你的成功源于不断地分享。

3. 企鹅型的教育模式：让"子弹"再飞一会儿

企鹅型特质的你，做决定会比较慢，喜欢别人耐心地听你讲话，你无法三言两语就把事情说清楚，想要知道你真实的想法需要花点时间。适合你的教育模式是：殷勤培育、循循善诱、激励教育。企鹅型的你，害怕孤独，需要朋友，越是在团队里越容易成长。

4. 蜜蜂型的教育模式：再想一想

蜜蜂型特质的你，当被问到目标时，不容易说清楚，要反复琢磨。你常常带着疑问去思考，容易钻牛角尖。适合你的教育模式：尊师重道、按部就班、激励教育。蜜蜂型的你更喜欢一对一的交流，成功的关键是安静地做事情。

5. 八爪鱼型的教育模式：雾霾太重看不清

八爪鱼型特质的你，因为目标太多难以确定是哪一个，所

借双**翅膀**飞上天

以比较容易出现选择困难症。适合你的教育模式：抢占起跑点，静观其变，激励教育。八爪鱼型的你具有极大的耐心，属于全面型人才，善于捕捉机会，常常会隐藏自己的真实想法。

三、应用天赋特质养成良好习惯

上一课我说到习惯。一个良好的习惯会让你终身受益，而一个不好的习惯则容易影响你的一生。运用天赋特质科教体系，你可以迅速准确地建立起良好的习惯。

我曾经有个学员叫小亮。高考的前一年，他突然迷上了游戏，找各种理由不去学校。小亮老虎值很高，一旦形成自己的想法，一般的说教很难改变他。

我们先来看一下小亮的天赋特质测试表格。

小亮当时的亲子教育模式是抢占起跑点。

小亮的父母给

心灵密码卡

小亮

您的属性： 老虎 TIGER

您的心灵密码： <12.25, -10.75, -10.25, -12.25>

海豚 DOLPHIN

老虎 TIGER
勇敢
挑战
积极

八爪鱼 OCTOPUS

企鹅 PENGUIN

蜜蜂 BEES

您的亲子教育模式：抢占起跑点

第九课
应用天赋特质建立良好习惯

他设定了一个目标：考上一个好的大学。但是，这个目标不是小亮的，而是父母强加给他的。老虎型的教育模式是：树立明确的目标，目标越明确，越容易成功。前提是这个目标要是他自己设定的。如果这个目标是别人外加给他的，他就没有驱动力，无法专注学习，于是挣扎、无聊、纠结引发了情绪劳动。

小亮听说打游戏可以参加国际比赛，还有专门的电竞学校。他给自己树立了目标，要好好打游戏，有一天参加比赛。注意：这是他自己设定的目标，但这个目标对于当时的他来说或许是错误的。

我在纠正小亮的时候，首先调整他的目标，让他重新确立方向。

小亮小的时候，有一个理想：去国外读书。可是，他又觉得这个目标可望而不可即。

我让小亮聚焦在这个目标上，把这个目标写下来。这个目标也得到了父母的认可。小亮的学习就围绕这个目标展开。注意：这个目标不是父母强加给他的，而是他自己设定的。两年后，小亮到国外读了大学。

在这两年中，小亮的生活变得有规律，提升了学习的驱动力，养成了专注的好习惯。这些习惯都源于他有明确的目标。

小亮的天赋特质和你的爸爸有些类似。你爸爸一直在提醒你好好学习考上一所好大学，因为这是你爸爸的目标。你爸爸所不知道的是：这是他的目标，而不是你的目标。

四、你拥有哪一种类型的天赋特质呢

每个人天赋特质都不一样,所以要因材施教。因材施教就是根据不同的天赋特质进行不同的引导,帮助你规划人生,进而培养你成为优秀的人才。每个人身上都有许多不为人知的潜能,有时连你自己都不知道。

我曾经有个学员叫小慧,在上高中时被学校开除了,父母把他送到我们这里学习。

我们先来看一下小慧的天赋特质表格。

小慧海豚值很高,喜欢分享、思维跳跃,常常是三分钟热度,做的和说的不一样。那时,我要求小慧每天早晨八点钟起床。小慧前一天告诉我:"没问题。"可是,第二天早晨却没见到他的身影。

有一次,小慧准时来上课。我就

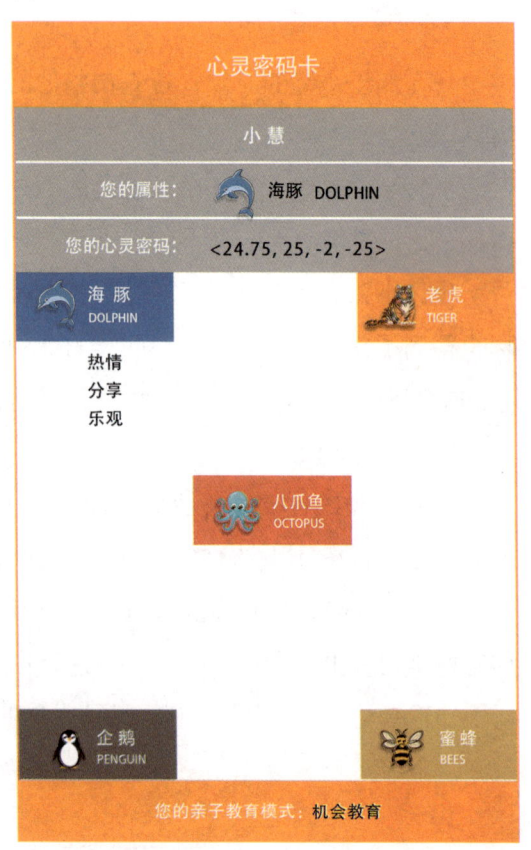

心灵密码卡

小慧

您的属性: 海豚 DOLPHIN

您的心灵密码: <24.75, 25, -2, -25>

海豚 DOLPHIN
热情
分享
乐观

老虎 TIGER

八爪鱼 OCTOPUS

企鹅 PENGUIN

蜜蜂 BEES

您的亲子教育模式:机会教育

第九课
应用天赋特质建立良好习惯

让他给大家讲讲,当天为什么能够准时起床。他滔滔不绝地讲个不停。有些老师不满地说:"才准时上课一次有什么好炫耀的。"可我知道,小慧讲得越多,就越会坚持按时起床。

第二天他果然又准时来了,我又让他分享是如何准时起床的。他良好的习惯就是在不断分享中一点一滴建立起来的。小慧做事没有规矩,当他做事稍微有一点规矩,我就让他分享。他的专注力在分享中渐渐产生。一年半以后,小慧去了国外一所大学读书,后来,他还成为学校所在区域留学生会的主席。

我按照小慧的天赋特质来引导他,他的潜能被开发出来,建立起优秀的品格。对于海豚值高的人,建立习惯最好的方法就是让他分享。

当我讲到老虎型的小亮和海豚型的小慧,是如何建立习惯的时候,如果你正在纠结老师怎么没有讲你,那说明你可能是蜜蜂型、企鹅型、八爪鱼型。

蜜蜂型特质的你,喜欢按部就班,处理事情精益求精,讲述精准,接受准确的语言。你的好习惯常常是在做事情中养成的。但是,有时容易钻牛角尖儿。

如果你具有企鹅特质,就容易受外界影响,害怕孤独,需要朋友,让你独立做决定是很困难的,你需要有团队,在团队中容易建立良好的习惯。

在五种天赋特质中,八爪鱼特质是比较容易建立良好习惯的,也容易忘记,需要被别人提醒。如果你是八爪鱼特质,如何坚持是你需要认真面对的。

本课的精髓在于帮助你挑战自我、建立良好习惯,培养专

注力、唤醒内驱力，运用天赋特质挖掘你的潜能。此前的不良习惯正被切断，良性循环开始了。专注、兴趣、内驱力将注入你的学习生活中，出现在你的字典里，最终会成为你性格的一部分。

五、课后作业

1. 背诵

天赋特质就是你独特的个性、独特的能力、独特的思维和表达方式。

2. 朗读课文

3. 思考

如何应用天赋特质建立良好的习惯？

4. 自我评估

你拥有哪种类型的天赋特质？

5. 师生互动

填好你的天赋特质表格，交给老师，对照表格讲述自己的天赋特质。

第十课

专注力越强学习越有效果

我曾受邀参加"联合国世界青年峰会",作为大会的导师兼讲解员深感责任重大。我不知道来自世界各地的青年人想听什么,但我知道我讲的一定是他们所需要的。

在哈佛大学图书馆里,我要求参加联合国世界青年峰会的学员们:安静下来,停下奔跑的脚步,关掉手机,体会什么是专注。

◀竺亚君在哈佛大学

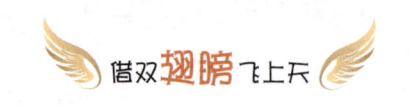

研究表明，普通人的大脑约有 47% 的时间处于游离状态。游离状态时间到达 60% 的人，表现为无精打采、精神恍惚；而游离状态时间超过 60% 的人，就会处在崩溃的边缘。

成功人士都具有专注的习惯。你回想一下，初中三年、高中三年，你有多少时间是认真专注在学习上的。当你认真专注时就能体验到愉悦，这种愉悦一直影响着你。你的勇敢来自专注，喜欢历史来自专注，喜欢跑步来自专注，你的专注值越高学习越有成效。如果你想有所成就，没有专注力是不可能的，而当你有了专注力，做任何事情都容易成功。

一、各大公司都在争夺你的注意力

在联合国青年研讨会上，我第一次听到这样的理论：21世纪最稀缺的资源不是石油、天然气、黄金，而是你的注意力。当今国际大公司都在研究如何获取你的注意力，为此，他们展开了激烈的竞争，目标只有一个——吸引你的注意力。

◀ 竺亚君在联合国

第十课
专注力越强学习越有效果

注意力是人进行活动的心理状态,是先天且自然性的反应。

当你放学回家,正在思考作业时,忽然听到有人在吵架,你本能地回过头去看,你的注意力被吸引了,打断了思考作业的专注。接下来会有以下三种情况发生。

第一种情况,你看了一眼,不去理会他们,继续思考作业。

第二种情况,你看了一眼,停下脚步,想看个究竟,说明你的注意力被吸引了。思考作业的专注力随着注意力转移消失了。半个小时后,你想起还有作业。当你想重新专注于作业的时候,至少需要20分钟,而专注力的消失只需要5秒。

第三种情况,你停下脚步,并一直站在哪里,说明你的注意力被深深地吸引了。此刻,你已经忘记还有作业。当你的注意力被吸引的时候,思考作业的专注力已经消失了。直到吵架的人散去,你还在思想:"他们的吵架会升级吗?"

注意力被吸引是一种本能,专注力却是一种意识。注意力是没有明确指向性的,专注力是有明确指向性的。注意力不具有社会功能,专注力是有社会功能的。注意力是自然性的,专注力是可以控制的。

注意力 **VS** 专注力

专注力是意志的体现,是可以持续自控的。包括听觉、视觉、记忆、思维、想象、执行、反馈等。学习的理解能力就是专注力具体的表现。专注力就是你的资本,而且是稀缺的资源,任何稀缺的资源都有价值。抓住你的注意力,就意味着分散你的专注力,而有功效的学习恰恰需要的是专注力。

某视频网站用了3年时间,设计出自动播放下一个视频的功能以吸引你的注意力。游戏里有趣的奖励节点一个接着一个,装备、通关,还有胜利后的晋升排名,游戏里的反馈机制就是专门为吸引你的注意力设计的。你使用的软件,后台都有无数技术人员在追踪、研究、改进,以吸引你的注意力让你持续使用。各个公司想尽办法吸引你的注意力,分散你的专注力。而有功效的学习恰恰需要的是专注力。

研究表明,人的专注时间一般在2~3个小时,超出这个时间,大脑接收信息的能力就会自然递减,专注力就会自然下降。所以,上课时间一般为45分钟,目标就是让你的大脑适时进行休息。说到休息,你会不自觉地想玩一会手机吧?注意:休息的时候不能碰手机!只要你一玩手机,多巴胺就会分泌出来,专注力就会自然消失。让专注力消失只需要几秒钟,找回专注力,至少需要约20分钟。

幸运的是,你来到了这里。唯一有效改变我们的手段就是改变我们的习惯,你有改变自己的能力!

毕竟,没有一个高考状元是靠打游戏获得高分的。

第十课
专注力越强学习越有效果

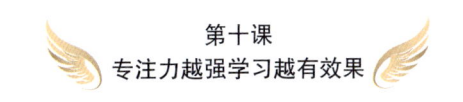

二、守住你稀缺的注意力

如果你的注意力被吸引，专注力就荡然无存。人的大脑无法同时完成多项任务，专注力一旦分散，学习的理解力就自然下降。没有专注，考试的失误率就会增加。

父母为提高你的学习成绩，给你报了各类补习班。他们不知道的是，当你没有专注力的时候，老师讲得再好你也无法吸收。我理解你的不容易，今天的你，比起当年的我们压力要大得多。

现在当你无聊的时候，精彩的短视频、游戏等待你的出现。游戏公司的工程师在用尽全力来获取你的注意力。所以，你要想成功，请守住你稀缺的专注力。

当我们专注一件事情的时候，大脑会调动所有的细胞，包括情绪、认知、信息、记忆等，来搜集、储存信息，并将信息一一上传。专注是你有效学习的关键。有效的学习使你在困境中可以继续努力，努力之后大脑产生内啡肽。

专注力带来内啡肽，内啡肽增加了你的内驱力，内驱力的产生使你更加专注，专注又带来更多的内啡肽，反过来影响你的内驱力。内驱力促使你热爱学习，体会学习的快乐和获取知识的享受。

需要注意的是：学习时的专注力与沉迷游戏是不一样的。学习时的专注，是你大脑主动运作，激发大脑不断运转与思考，使大脑变得更加聪明敏捷。而打游戏是大脑被动运作，跟着游戏设定好的场景进行。游戏场景是游戏开发商提前构建好的，

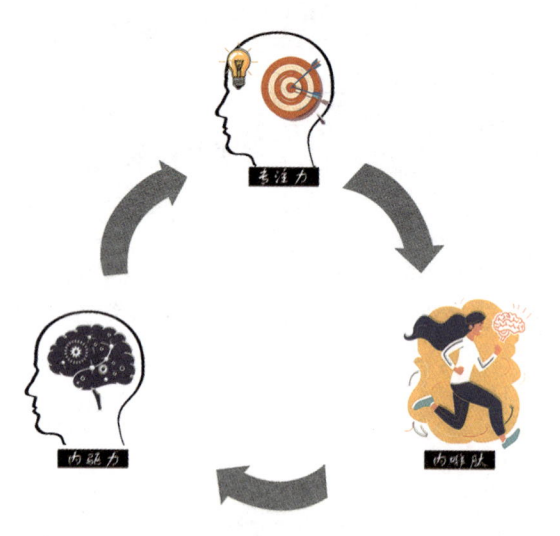

▲ 专注力—内啡肽—内驱力—专注力的正面循环系统

你在打游戏时是被动式且机械地重复，没有自己的思想，消耗注意力。所以，一旦放下游戏，你就无法体验真正的快乐。

守住你的注意力，目的是培养、提升你的专注力。你的专注力越强，注意力就越不容易被分散。

消除不良的情绪，需要你的专注力；加深记忆，需要你的专注力；提高学习成绩，需要你的专注力。你要想成功，必须守住你稀缺的注意力，加强你的专注力。如果你要享受学习的快乐，自觉自愿地努力学习，考试有个亮眼的好成绩，专注力就是必须要具备的。

深度专注是一项能力。只有保持深度专注，才能拥有高质量的学习效果。注意力是先天自然性的，专注力却是可以通过训练得以加强的。

第十课
专注力越强学习越有效果

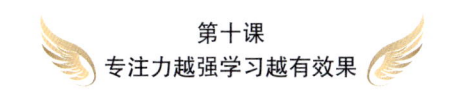

三、训练专注力的四个步骤

根据神经可塑性原理,重复练习会塑造大脑结构。通过长期练习,专注力数值会越来越高,反应会越来越快,并可以控制自己的注意力,不被外部影响。

训练专注力的第一步:找出你的兴趣点

专注力是从兴趣开始的。如果你喜欢语文,诗词歌赋就会朗朗上口;如果喜欢解题,奥数对你就比较轻松;如果你对历史感兴趣,见到相关文字或图片就会产生乐趣。从学习的角度来说,兴趣吸引你的注意力,才有了乐趣,进而产生了专注。专注推动学习的动力,又产生新的兴趣,调动内驱力。凭着兴趣去学习,往往是主动和兴奋的。你对感兴趣的事情,会表现出持久的专注力。找到你的兴趣点并对应到学习上,以被动努力为基础的学习和以兴趣为基础的学习有很大不同。兴趣,是你最好的老师。

训练专注力的第二步:自我认知的成就感

每个人只能活出他所认同的那个自己。如果一个人的自我认知出了偏差,他将失去对自我价值的肯定,内驱力也就随之消失了,进而又不自觉地把消极情绪和思维等同于现实的本身。

积极的自我认知,产生一系列积极的心态,建立起内在驱动力,进而又不自觉地把积极的情绪和思维投射到现实的本身。你的认知还需要父母、老师、同学的认可。但是,没有获得外部认可的时候,自我认知就显得特别重要。毕竟,自我认知是

随时随地都会发生的。每当你学习到一个新的知识，建议你去炫耀一下，可提升自我认知的成就感，带来自我肯定，从而超越自我，建立起专注力。

我们在第七课学习过，如果这个世界上没有人为你鼓掌，你要自己为自己鼓掌。你身上有许多值得欣赏的东西，当你真正懂得欣赏自己的时候，才可能被别人欣赏。只有拥抱自己，世界才会敞开怀抱接纳你。体会每一次成就，强化自我认知的成就感。

训练专注力的第三步：反复提醒

培养一个良好的习惯，需要重复练习才会形成。专注力的训练也是如此，听觉、记忆、控制、精细、视觉都需要反复训练。我们的注意力不仅受到外部干扰，内部的干扰也非常严重，平均每3分钟就会有一次自我干扰。当你想专注的时候，2分钟之内就会有一个闪念出现。所以，你必须提醒自己，专注手中正在做的事情。有时需要大声地说出来，反复提醒自己。

训练专注力的第四步：良好的环境诱因

这里说的环境是指学习环境、家庭环境、朋友环境。这三个环境对培养专注力非常重要。老师对你的表扬，爸爸无意间的鼓励，同学们对你的赞美都会让你更加努力地学习。良好的环境诱因就是能够激发你继续专注的语言、情绪、情境。环境诱因是每个人都需要的。

训练专注力的四个步骤，要在实际学习中反复操练。

第十课
专注力越强学习越有效果

▲ 步骤1：找出你的兴趣点

▲ 步骤2：自我认知的成就感

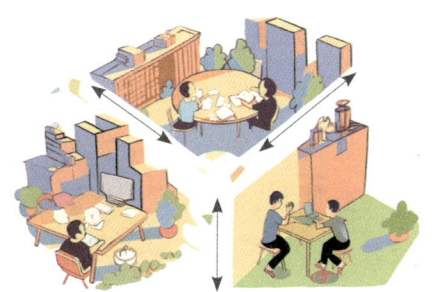

▲ 步骤3：反复提醒

▲ 步骤4：环境诱因

四、运用天赋特质建立专注力

人的大脑有一个本能，就是不喜欢做高耗能的事情，喜欢节能模式。专注地做事情就属于高耗能；而瞎忙比较节能，瞎忙不用动脑子。电视剧好看就看会儿电视剧，外卖好吃就研究外卖。当你决定要训练专注力的时候，大脑会评估这件事的耗能情况，潜意识会告诉你："训练什么呀？会很累的。"

所以，考试成绩优秀的人都是驾驭专注力的高手，他们锻炼自己理性思考的能力，通过对抗本能不断修正自己的行动。

你认为难受和困难的事情才能让你有所收获。

对于了解自己天赋特质的你而言，可以运用天赋特质科教体系，对自己进行专注力的训练，效果会明显不一样。

对于老虎型的人而言，专注力的培养与目标是密不可分的。不断提醒他树立目标，不断地告诉他，离这个目标还有多远。老虎特质的人行动比较快，盯着目标对他并不难。但是，没有专注力，他就无法实现目标。训练专注力的第一步找出兴趣点，对于他就显得特别重要。老虎对 100 米外的猎物特别有兴趣，为了捕捉到猎物，它的专注力达到了最高值，老虎的专注力在每次捕猎中都能得到培养。

对于海豚型的人而言，更在乎家长、同学、老师对他的肯定，鼓励是他前进的动力。由于海豚型的人喜欢分享，情绪变化比较大，注意力很容易分散，需要被反复提醒。他的专注力在别人鼓励中容易建立。但是，如果没有人鼓励，则要经常体验自我认知的成就感。

企鹅型的人常常丢失目标，他的专注会因为外部环境的改变而改变。所以，首先要找到他的兴趣点，并要找到和他兴趣相同的伙伴，大家一起加以训练，彼此提醒、共同进步。

如果你是个蜜蜂型的人，该如何培养你的专注力呢？

蜜蜂型的人是以做事为导向，其本身就有一定的规范，做事情容易自我陶醉，有较高的自我提醒，在乎的是成就感。如果没有成绩，他会做不下去。所以，需要自我肯定。蜜蜂型的人的专注力在五种天赋特质的人当中是最强的，要注意的是，因过度专注常常喜欢钻牛角尖。

第十课
专注力越强学习越有效果

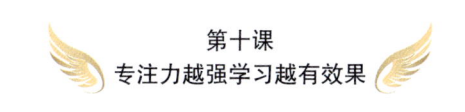

八爪鱼型的人本身就是个全才，专注力培养的四个步骤对他而言都需要，只是侧重点会有不同。

培训你的专注力需要时间，通过训练，你可以随时把专注力集中起来，因为高考就集中在那么几天。许多人在高考期间突然失误，结果功亏一篑，这与没有经过培训专注力有关。教练老师将根据你的天赋特质，有针对性地对你进行训练。

我之所以把专注力拿出来讲，是因为这个部分和学习、事业有直接的关系。毕竟你马上就要高考了。

五、课后作业

1. 背诵

专注力是意志的体现，是可以持续自控的。

2. 朗读课文

3. 思考

（1）哪些学科是你感兴趣的？

（2）你在什么情况下可以专注学习？

4. 课后练习

拍摄"我的一天"小视频。

第十一课

梦想成真从设定目标开始

上一课我提到，人的大脑有一个本能，就是不喜欢做高耗能的事情，喜欢节能模式。专注地做事情就属于高耗能。让你觉得舒服的事情往往没有成绩，而你认为难受和困难的事情才能让你有所收获。如果你想成功，就需要定目标、做规划、设周期、排进度，这些事情都是极其耗能的，这就是你一定要接受训练的原因。

课程进行到现在，或许你看出一些脉络。你了解了峰终定律，显然你是受到"峰"与"终"的影响，误以为事情就是这样。你对"真我"的认知，还原了你鹰的本质。当你的"真我"强大起来的时候，"真我"就战胜了镜子里的那个"我"。你脸上的那道伤痕不见了，"墨菲定律"对于外面那个"我"是适用的，但是，对于里面那个"真我"是不适用的。你对内啡肽与多巴胺有了新的了解。天赋特质、习惯、专注力、兴趣注入你的学习，出现在你的字典里，最终成为你性格的一部分。

借双翅膀飞上天

人的一生就像在海洋中行驶的一条船,设定明确的目标就是为自己确定方向。让我兴奋的是:你勇敢地面对高考,还养成了许多良好的习惯,关键是你战胜了自己。

我必须要强调:请你树立目标!

一、描述一下你的未来

在设定目标之前,我们先来想一想你的未来。如果你连想都不敢想,又该如何努力呢?请不要低估你的能力,一些人专注在一个领域5年会变成专家,10年会变成权威,15年会变成世界顶尖。或许你现在还不是很成功,但将来一定会成功。

你想做广播员吗?你想做老师吗?你想做律师吗?你想做运动员吗?你想做科学家吗?你想做艺术家吗?你想做军事家吗?你想做大企业家吗?

二、设定目标的三个原则

对于许多人来说,目标是模糊的。一些人仅仅能触摸到自己潜能的表层,不愿设想自己的未来。请回答一个问题:从今天开始,未来的1年、5年、10年中,你计划做些什么?

1. 目标是具体可衡量的

如果你不清楚去往何方,那么即使到达目的地,你也认不出来。

许多人把目标和目的混淆在一起,如"我想上大学",这其实很难确定你要做什么。如果将目标设定为"我计划明年考上××大学",这个目标就非常清楚、明确。

第十一课
梦想成真从设定目标开始

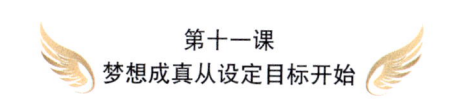

人们在制订新年计划时,往往会这么说:"我今年要将更多的时间用在读书上。"但是,如何做、怎么做并不明确。如果把"今年我每天读 × 书的两章"设为目标,就更好衡量了。只有这样,自己取得的进展才能量化,有一个尺度才更好衡量。

例如,高达德在他 15 岁的时候,为自己定下 127 个目标。47 岁时,他已经实现了其中的 103 个。由于目标明确,高达德探索过尼罗河,攀登过乞力马扎罗山,学会开飞机,拍摄过非洲的维多利亚瀑布。高达德的秘诀在于,他的每个计划都是具体明确的。

你并不需要 127 个目标,只要明确几个就够了,重要的是你的目标是具体可行的。

2. 目标明确且具有挑战

你所设定的目标应该是很高的,也是可以实现的。你可能不会在一天或一周之内实现你的目标。在成功的路上,你可能会遭遇失败和挫折,但是,失败可以变成你最好的老师,并且成为你一笔宝贵的财富。明确你的目标不是重复你已经取得的成就,而是寻求新的挑战。

3. 制定自己的目标

如果这个目标是你父母的某种要求,那并不意味着它应该成为你的目标。成功人物的故事可以激励你,但那不是你的目标。你的目标就是你内心深处的心声,你的目标不受别人的约束和环境的限制。在制定目标时,要运用创造性思维来扩大你可能的界限。

你要制定自己的目标,而不是别人的。

设定目标的三个原则:

原则 1：目标是可测量的

原则 2：目标明确具有挑战

原则 3：制定自己的目标

三、写出目标，是在书写未来

1979 年，哈佛大学在对应届毕业生做了一个调查。在调查中，他们询问应届毕业生中，有多少人有明确的人生目标。结果显示，只有 3% 的人有目标并且写在了日记本上，他们把这些人列为第一组；有 13% 的人有人生的目标，但没有写在纸上，他们把这些人列为第二组；其余 84% 的人没有明确的人生目标，他们的想法是完成毕业典礼后先去度假放松一下，这些人被列为第三组。

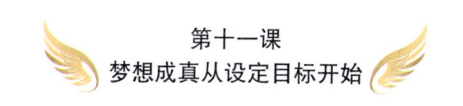

第十一课
梦想成真从设定目标开始

10年后,哈佛大学把当初的毕业生全部召回来。结果发现:第二组的人,即那些有人生目标但没有写在纸上的毕业生,他们每个人的平均年收入,是那84%的没有人生目标的毕业生的两倍。而第一组的人,即那3%的把明确人生目标写在日记本上的人,他们的平均年收入是第二组和第三组人收入相加的10倍。

这个调查很清楚地表明,确定明确人生目标并写在纸上的重要性。

如果你想在30岁以前成功,你就要在22岁至25岁之间确立好你的人生目标;如果你想在40岁以前成功,你就要在25岁至30岁之间确立好你的人生目标;如果你现在还没有成功,今天,就是今天,请确立好你的人生目标。

现在请拿出纸和笔,这是梦想成真的最快的方法,写出目标,你就是在书写未来的故事。把这些目标写在纸上,把制定好的目标,贴在一个显著的地方,遵循特定的行动计划,把梦想变成现实。

我们开始去实现这些目标!

四、实现目标的四个步骤

我们每天都会有上千个念头,如果把这些念头统统仔细分析是不可能的,所以大脑有一个系统,就是我们不曾做过决定的事情,会被自动排除掉,这个系统叫作"神经自动排除系统"。

借双翅膀飞上天

▲ 神经自动排除系统

你实现目标会有许多种想法,现在,我们来具体梳理和排除。

1. 实施的计划

目标明确之后,你需要设计一个实施的具体计划与实施的具体时间,然后一步步实现它。例如,如果没有交通图为你指示最佳的路线,目的地再明确也不一定能顺利抵达终点,一旦你上路,什么事情都可能发生。

把实施目标的计划和实施目标的时间写下来,使你的目标更加清晰。这样,你就很容易把每个目标转化成行动。

2. 实施的时间

比起金钱,有些人更重视时间。他们认为"时间就是金钱"是个错误。理由是:金钱能够储蓄,而时间不能储蓄;金钱可

第十一课
梦想成真从设定目标开始

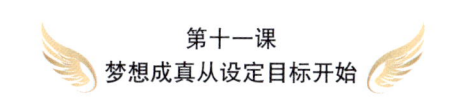

以从别人那里借,而时间不能借。人生这个银行里还剩下多少时间无从知道,因此时间更加重要。成功需要成本,时间也是一种成本,对时间的珍惜就是对成本的节约。

一切按进度规划行动起来,按时间表来进行校对。

3. 从小小的梦想开始

一个很大且长远的梦想是不可能一步实现的。例如,出色的长跑运动员总是把一次艰巨的长跑划为很多个小行程,到达了一棵树之后再往下一个建筑物跑,这样就轻松得多了。实现梦想也是如此,定出进度,按进度做事情,把一项大任务分解成多项容易完成的小任务,可使整个计划得以实现。你需要先从实现很多小梦想开始,你会发现更多意外的机会和更广阔的平台逐渐在你面前展开。开始是一些简单的线条,后来变成一幅纵横交织的宽广的图景。所以,你需要一步一个脚印地从小小的梦想开始。

4. 及时调整你的计划

你在实现梦想的途中会发现有些规划不切实际,以至于根本不可能实现。这时候你要及时进行修改,舍弃一些,同时新添一些。同样的,你在实现目标的过程中会有意想不到的事情发生,你需要及时调整自己的步伐。实现目标的过程是灵活的,如果一个计划行不通,千万不要惊慌失措,你可以尝试另一个计划。

重要的一点是：每一次调整都要使你离梦想更加靠近。

实现目标的四个步骤：

▲ 步骤1：实施的计划

▲ 步骤2：实施的时间

▲ 步骤3：从小小的梦想开始

▲ 步骤4：及时调整你的计划

五、请大声地宣告出来

大胆地宣告：

我已经走在实现目标的路上，我的梦想一定能够实现！

足球比赛还没有开始，但是教练早就信誓旦旦地宣称："这

第十一课
梦想成真从设定目标开始

场比赛我们是赢定了！"宣告不仅是一种口号，更是一种能力。

公开地告诉你的好朋友："这就是我的梦想！"在运用实现目标的四个具体步骤的时候，最重要的一点是，每天都做点具体的事情，使自己与目标更接近。你的目标决定你的方向，你的方向决定你的方法，你的方法决定你的速度及能否到达目标。一个人要想取得学业上的成功，就必须让周围的人都知道，这件事到了你手中就一定能做成。

请把你的目标贴在墙上。我知道你现在是什么样的人，但我不知道你可能会成为什么样的人。

建立一个目标不是为了到达，而是为了出发。

六、课后作业

1. 背诵

建立一个目标不是为了到达，而是为了出发。

2. 朗读课文

3. 思考

（1）目标与理想的区别是什么？

（2）设立目标的原则是什么？

4. 课后练习

（1）写下一个你的目标，把它贴在显眼的地方。把你的目标告诉好朋友。

（2）尝试给自己写一封信，聊一聊自己的目标和理想。

第十二课

成功没有你想得那么难

1965年,一位韩国学生到剑桥大学主修心理学。他常到学校的咖啡厅听一些成功人士聊天。这些成功人士包括诺贝尔奖获得者、某些领域的学术权威和一些创造了经济奇迹的名人。这些人幽默风趣,举重若轻,把自己的成功看得非常自然和顺理成章。作为心理系的学生,他认为很有必要对这些成功人士加以研究。

1970年,他以《成功并不像你想的那么难》为题完成了自己的毕业论文。

后来他的观点鼓舞了许多人。书里从一个新的角度告诉人们,只要你对某一事业感兴趣,长久地坚持下去就会成功。

同样的,高考没有你想得那么难!

一、唤醒你内心的力量

我在前面几次提到内驱力,却没有专门讲过如何建立内驱

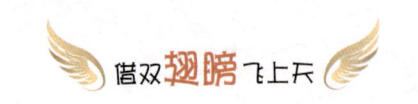

力。内驱力的本质是一种价值观念,表现在发自内心的自我觉醒、自我激励,积极投入且充满热情,不会轻易放弃。

父母常常说一句话:"你什么时候不用提醒,就能发自内心地喜欢学习,那该多好啊!"这种所谓"发自内心"就是内驱力。只是许多父母不懂得如何**帮助孩子建立内驱力**。

在你即将高考的时候,我需要帮你进行一次深入的梳理。

当你发现脸上并没有那道血肉模糊的伤痕,不在用低维度认知来看待自己的时候,当你确认自己不是一只小鸡而是一只雄鹰,并抖掉身上的泥土,伸展软弱的膀臂。

你的内驱力就开始萌发了。

当你知道,承认错误是一个人最大的力量源泉,正视错误的人将得到错误以外的东西,要敢于承认错误,以崭新的面貌去迎接新的挑战。蜕变是痛苦的,但是值得的。

你的内驱力就开始形成了。

当"真我"强大起来的时候,你对"真我"有了新的认识。就在那一天,你决定参加高考。过去父母苦口婆心地劝你参加高考,属于外部压力,老师、朋友的激励均属于外部驱动力。如果你没有兴趣,学习自然无法专注,体验不到学习的快乐。

现在,是你自己决定参加高考,学习的热情被激发,对知识充满了渴望,享受努力学习的过程。

你的内驱力开始长大了。

当你将自我认知与自我挑战、自我欣赏与良好习惯融合在一起。此前不良的习惯正被切断,良性循环开始了。你弄清了自己的天赋特质,如果你是一只海豚,分享让你更容易建立良

第十二课
成功没有你想得那么难

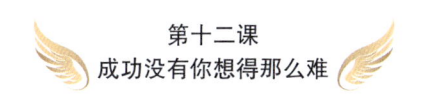

好习惯；如果你是一只老虎，确定目标对你就显得特别重要。是的，这个目标是你自己的！

你的内驱力就被唤醒了。

苏格拉底的父亲是一个石匠。有一天，他的父亲正在雕刻一个石狮，小苏格拉底观察了好一阵子，问父亲："怎样才能成为一个好的雕刻师呢？"父亲说："你看我在干什么？你以为我在雕刻一个狮子吗？不，我不是在雕刻狮子，我是在唤醒它！"

鸡蛋从外打破是食物，从内打破是生命。从外打破是压力，从内打破是成长。如果你等待别人从外打破，你注定就是别人的食物。如果让自己从内打破，你会发现成长相当于一种重生。你还原了鹰的本质，习惯了鹰的生活。无须别人提醒的良好习惯已经形成，以自觉为约束的内驱力已经成形。

蜕变，在不知不觉中进行，你的改变是显而易见的！

萌芽 ➡ 形成 ➡ 长大 ➡ 唤醒

苏格拉底：我在唤醒它！

▲ 内驱力的建立：萌芽—形成—长大—唤醒

二、有些事不经意地发生了

不知从什么时候开始，你和父母的关系变得融洽起来。不

知是父母鼓励的话语让你努力学习,还是你认真学习换来了父母的鼓励,对父母的话语你多了几分理解。

小燕的母亲最近常常来你家,你看到小燕的母亲在偷偷流泪。你从妈妈那里得知,小燕的父母正在闹离婚。两个母亲都说到了孩子,妈妈好几次提到了你,语气里带着几分自豪。

老师对你的关注度越来越多,语气充满了希望。你体会到了"罗森塔尔效应"。你曾经被老师忽视过,感受到老师的"偏心"。现在,教师的喜爱确实让你更加自尊、自信,学习更加努力。你的性格变得开朗起来,与同学的交往轻松自如,大家都愿意主动和你接近。

高考的前一周,哥哥开着新买的车,带着女朋友从外地回来了。哥哥的女朋友长得很漂亮,人也随和,还是名牌大学毕业的。哥哥和几个朋友开了一家公司,主营直播带货。哥哥的女朋友就是主播,所以很有亲和力。

这让你想到了小燕,小燕最近学习一直不在状态,老师在班里点了她的名。这与她父母闹离婚有关。你想去安慰小燕,却不知道该如何开口。

晚饭的时候,哥哥是这样介绍你的:我弟弟马上就要参加高考了,他学习比我努力,考个"985"问题不大。当年如果我努力一把,也许早就大学毕业了。

哥哥拍拍你的肩膀说:"无论结果如何,参加高考本身就是结果,你真的很勇敢,我很羡慕你。"哥哥的这番话,你好像在哪里听过。

饭桌上,爸爸特别开心,话也特别多:"我生在农村,小

第十二课
成功没有你想得那么难

时候家里特别穷，上学要走好几里路。那时，我在县城里读初中，一个月才回家一趟。初中毕业以后，许多同学直接去大城市打工了，也有去学习技术的，只有 11 个同学上了高中。高考的时候，考上大学的只有两个人，我是其中之一。我们那个小村庄都轰动了，他爷爷三句话离不开我。我大学毕业那年，你爷爷过世了。我大学毕业后来到这个城市，至今已经 20 多年了。那时，如果我学习再努力一点，成绩再考好一些，说不定也能考进清华。那样的话，我们现在可能就在北京、上海生活了。"

爸爸的故事你听了许多遍，这一次感觉特别不一样。你曾经讨厌过爸爸的现实，但却不知道他曾经也憧憬过未来；你曾讨厌过爸爸的平庸，却不知道他也曾是怀揣梦想的男孩。你第一次发现爸爸那么伟大，那么不容易。

那天，爸爸和哥哥喝了许多酒，你第一次见到妈妈主动给爸爸倒酒。

回到房间，面对贴在墙上的目标卡，你悄悄地落下了眼泪。

▲ 面对目标卡落泪

三、30岁之前与之后的你

在课程即将结束的时候,有必要向你介绍一下我的经历。

我是土生土长的北京人。第一次高考失败就去当兵了,那年,我19岁。从部队回到地方,在机关上班。那时,许多高中同学已经大学毕业了。我常常后悔:当初为什么没有考大学呢?我一边工作一边自学,参加了成人高考,25岁那年,终于进入一所北京法律(夜)大学学习。

30岁那年,我辞职"下海"闯荡东欧。在匈牙利从摆地摊开始,开过连锁店,做过国际贸易,40岁到美国读研究生。我喜欢演讲,但你不要以为我只会演讲,我的写作水平不亚于我的演讲水平。我从小就喜欢写作,梦想当个作家。我在美国创办了《华人风采》杂志。

▲《华人风采》杂志

第十二课
成功没有你想得那么难

我的运营能力不亚于我的写作能力,我在美国好莱坞举办过"北美华人春节联欢晚会",凤凰卫视现场直播,江苏卫视做了录播。

▲ 北美华人春节联欢晚会

后来,我开始专注家庭教育。18岁的时候,我觉得30岁是个遥远的传说。30岁的时候,我开始感觉到了时间的紧迫。50岁回想18岁、30岁似乎就在昨天。

告诉你:

学生时代,大部分人的想法和学习、生活是相同的。读书为升学打下基础,在父母、学校、老师的教育下完成基础教育。

18岁以后,你要懂得规划自己的未来,拿回自己对人生的主控权,而非一直受人影响。喜悦的是:你开始被赋予一些自主权。矛盾的是:你与父母割不断的脐带关系。痛苦的是:你开始尝试失败。

30岁之前，一定要投入自己喜爱、擅长的工作，否则，30岁之后必然会有一段经历坎坷的日子。30岁之前，是最容易犯错误的，各种失败接踵而来，其实这是一个不断推翻自我、建立新认知的过程。

30岁之前是你成长的季节，以下几点希望对你有帮助。

1. 掌握一个行业所需要的专业知识

每个人在年轻时都可能有彻夜不眠、刻苦攻读的经历。这在20岁或25岁都没有问题。但到了30岁，就不应该再为学习基本技能而大伤脑筋了。30岁之前是从事原始积累的阶段，30岁之后就应该蓬勃发展，你需要掌握一个行业所需要的专业知识。

2. 养成个人风格

在30岁以前，找出你所喜欢的。要知道自己擅长什么，清楚自己喜欢做什么，哪些事情做得比别人好，培养与众不同的风格。18岁至25岁你可以不断尝试、不断改变。但是到了30岁，你要明确地建立起自己的个人风格。

3. 稳定的感情生活

那些在30岁之前情感生活安定的人，一般比动荡不安的人有更大机会获得成功。因此，如果你想结束一段没有结果的恋情，或者想和女友结婚，那就赶快行动吧。在30岁以后，你应该专注在自己的事业上。

4. 建立人际关系网

人际关系网需要几年甚至十几年的培养。一个人在事业上、

第十二课
成功没有你想得那么难

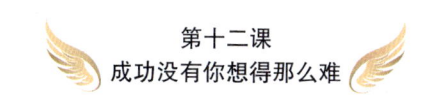

生活上的成功,要有许多朋友散布在适当的地方,你可以依赖他们,他们也可以依赖你。回想一下,你有几个可以依赖的朋友。

5. 对人要忠诚

如果你到了 30 岁仍未能建立起坚如磐石的诚信,这将困扰你的一生,不诚信必然使你在事业上不受欢迎。30 岁以前,诚信只是投资。30 岁以后,你会作为一个可以信赖的人收到诚信的回报。行动起来,树立起忠诚的声誉。

30 岁之后将是一个收获的季节。

四、凤凰涅槃,浴火重生

两只狼来到草原。一只狼很失落,因为它看不见肉,这是视力。另一只狼很兴奋,因为它看到了草,知道有草就会有羊,这是视野。视野能超越现状,使人看到目标,这就是视力和视野的区别。

现在,你的视野豁然开朗,对老师的课程有了更深刻的感悟。

请谢谢你的教练老师,他曾经多次督促你完成作业,就像当年老师逼迫我一样。逼迫的本身是激发,反复地激发唤醒你的内驱力,当没有人逼迫你的时候,你要自己逼迫自己,因为真正的改变是自己想改变。

没有唾手可得的胜利,也没有不需要付出代价的收获。良好习惯的养成一定是痛苦的。但这是一种选择,选择你所爱的,爱你所选择的。这就是凤凰涅槃,浴火重生的过程。

现在,你可以勇敢地面对自己所存在的问题,拥抱真实的自己。你对自己的天赋特质有了一个清晰的认知。你开始挑战原来的自我，建立起新的体系，养成良好的习惯。这个习惯包括专注力、内驱力、自律和感恩。

我为有你这样一个朋友而感到高兴和自豪。你就是我生活中那道美丽的风景线。这道风景线注入了你的理想与未来。

当你拿到"985""211"大学的录取通知书，记得告诉我一声。你要干什么？现在就准备腾飞了吗？等一下，我还有许多的话要告诉你。

五、课后作业

1. 背诵

（1）鸡蛋从外打破是食物，从内打破是生命。人生也是如此，从外打破是压力，从内打破是成长。

（2）没有唾手可得的胜利，也没有不需要付出代价的收获。

2. 朗读课文

3. 思考

（1）如何建立你的内驱力？

（2）如何发挥你的天赋特质，提高学习成绩？

第十三课

请给你的父母带封信

作为"00后"孩子的家长，我要告诉你：

我不认为你的孩子能够认真地阅读本书，至于完成作业的孩子更是少之又少。这本书对孩子有一些帮助，但是，作用十分有限，就算你的孩子阅读了本书，他／她也未必就能考上"985""211"大学，我没有这个底气。

那我为什么还要极力推荐这本书呢？因为在某一天、某个时刻，当孩子以后遇到挫折的时候，这本书或许对他会有醍醐灌顶的作用。

孩子的改变绝非我书中所描述得那么简单，如果真是那样，我的书一定会成为最畅销的书籍，你也不用天天发愁了。孩子的改变不是一本书就能解决的，对孩子最有影响的不是我这个老师，而是父母。这就是我要给你写这封信的原因。

作为"00后"孩子的家长，我知道你们担忧。

借双翅膀飞上天

在这本书里,有关青春期孩子的问题,我的讲述有轻描淡写之嫌。在现实生活中,你孩子的问题要比书中所描述得严重。在一个营会上,一位父亲曾握着我的手,含着眼泪说:"老师,救救我的孩子吧?游戏把我的孩子毁了。"

作为"00后"的父母,你需要认真地阅读以下内容。

一、你家的孩子是这样吗

现在许多孩子不想学习、不想去学校、不想见人,作息黑白颠倒,天天赖在家里打游戏。家长说又说不得,打又打不得。你和他讲话,他总是爱答不理。

说他们是小孩子,站起来比你还高。说他们是大人,吃个饭喊十遍八遍的,根本就不搭理你,再多喊两句他就烦了。他们一回到家,就把房门一锁,窗帘拉得密不透风,灯开得亮亮的,把空调开起来,感觉用电不花钱。

他们大门不出二门不迈,在房间里一待就是一天。他们电话不接,信息不回,发个红包秒收,也看不见他们发朋友圈。他们晚上不睡觉,早上不起床。他们没事儿不跟你联系,一联系就是找你要钱。朋友圈直接把你屏蔽,想给他拍张照片,一定得偷偷摸摸的。你跟他说句话,不是"啊"就是"好的",回你最多的一句话是:"知道了"。他的东西你不能碰,碰了就说你有病。到他房间看一看,绝对乱得跟狗窝似的。

你催他洗个头,他说晚上洗澡一起洗,身上的水还没擦干净,就直接钻进被窝里去了。上厕所拿个手机能蹲一个多小时,耳机一戴,谁也不理。半夜有人敲门,别以为是贼,那一定是他

第十三课
请给你的父母带封信

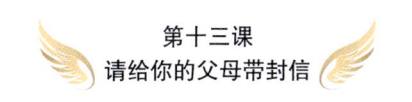

点的外卖。

可是,他出门之前先要洗个澡,头发弄得整整齐齐,打扮得利利索索。只要一出门就特别遵守规则,从不乱扔垃圾,坐公交地铁随时给老人让座,对外人说话特别有礼貌。出门绝对是绅士,在家里能把你气个半死。

你家的孩子是这样吗?

二、他们为什么痴迷于手机

"00后"的孩子热爱手机,迷恋手机。在现实生活中,他们没有几个朋友,手机就是他们的朋友。许多家长把以上孩子的表现归结于网络游戏和手机。

2007年第一台智能手机出现了。当时的智能手机主要还是用来发邮件、打电话、发短信。2012年前后手机才真正成为一个有内容载体的智能手机。

"00后"从小就接触了智能手机,他们获得知识的渠道主要是智能手机。他们遇到犹豫不决的难题,智能手机能迅速给出答案,这个答案或许比老师和家长给出的还要丰富、还要准确。

"00后"在他们的成长过程中,发现通过智能手机,不用费力就能获取想要的信息。这些信息是立体的、多元化的、透明的,当然也掺杂着许多有害心灵的垃圾。所以,"00后"是真正的手机原住民。

"00后"和我们有本质上的差异。因为人与人之间最大差异,是由他获得的信息决定的。

在"60后""70后""80后""90后"的成长过程中,

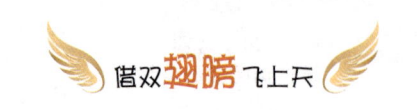

获得知识的主要渠道是老师、父母、广播、电视、书籍等。他们遇到升学、情感迷茫、就业问题犹豫不决的时候，会找老师、家长、朋友去解决。每逢过年，走亲戚串门儿是必不可少的。他们的三观未必都一样，但是，脑海里信息的来源基本差不多很相似。那个时候，他们读的书基本都差不多，信息高度同质化。虽然有地区差异、背景差异、学历差异、家庭差异，但是，这批人出来的底色都是很接近的。

"00后"从懂事开始，获得信息的主要来源就是智能手机。他们习惯性地借助手机搞定一切。他们离不开手机，他们更加热爱手机。正像"70后"有读书看报的习惯、"80后"有看电视的习惯，"00后"有看手机的习惯。

"00后"获得的信息量大大超过了父母。你不清楚的，他借助手机一会就搞明白了；你搞不定的，他借助手机能迅速解决问题。很多家长想给孩子保驾护航，可是孩子们不需要你的说教。他不需要你教，你搞不懂的事情对于他来说则是轻而易举。

所以，"00后"跟我们这一代人有很大的差异，因为信息这个最大的不平等的因素被拉齐了。我们10年寒窗苦读、死记硬背的知识，他认为都在手机里，不要死记硬背。

许多家长这样问我："为什么我和我家老大的沟通很顺畅，老大就没有让我费过心。为什么老二这个孩子我就搞不定呢？"因为两个孩子是在两个完全不同的信息环境中长大的。你与老大获得信息渠道是一样的，而老二从小获得信息的渠道和你们有本质的区别。

今天的孩子，享受着信息平等的红利。智能手机改变了传统

第十三课
请给你的父母带封信

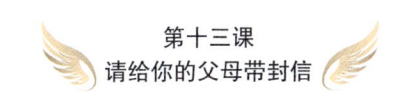

购物模式、出行模式、吃饭模式、交流模式、支付模式,也改变了家庭教育模式。许多家长在痛恨网络游戏、面对孩子整天躲在房间的情况唉声叹气的时候,自己也在享受智能手机带来的便利。

可是,你却企图让孩子与手机分开。

三、他们为什么讨厌学习

现在学生的厌学率竟然达到了 60% 以上。为什么?

因为孩子跟学习几乎没有任何情感链接。他不清楚为什么学习,在学习中无法找到自我价值和意义所在。但是,周围的人都把他和学习成绩捆绑在一起,把学习成绩当成评判孩子好坏的标准,学习成绩不好就等于他不好。孩子会觉得他被这个世界喜欢的一切都来自学习成绩,一旦没有拿到好成绩,他就会觉得自己很失败、很无能。

这种情况在心理学上叫作习得性无助,指的是一个人因为重复的失败或者被惩罚,形成的拖延畏难的状态。最常见的现象就是,发现自己做什么都不能控制事情的结果,于是就消极地面对生活和工作。

▲ 习得性无助

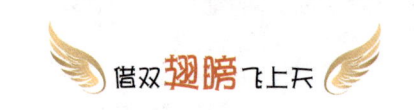

孩子厌学在于他不愿意面对那个常常失败的自己,他无法面对自己的无能,其背后是他的无力感。你认为孩子是在讨厌学习,其实他是在厌恶自己。没有一个孩子是不想成绩好的,就像没有一个成年人不想自己工作优秀一样。

但是,孩子真的很无助。因为整个初中、高中阶段的学习难度成倍地增大了。不管是抽象思维的理解,还是知识容量都非常大,对于普通孩子都会构成困难。在这个阶段,孩子是想把学习搞好的,都希望考试的时候能拿到好的分数,可是常常没有这个能力。

渐渐地,他发现自己无论怎么努力都不能拿到好的成绩。注意,不是孩子懒,是孩子没有能量去面对自己的无能。于是他和学习的情感链接渐行渐远。

厌学就在这个时候发生了。通常孩子在厌学之前会发出以下信号:

第一,无法按时完成作业,在学习上拖延磨蹭。

第二,情绪不稳定,易怒、易爆。

第三,在去学校的事情上频繁说谎。

这个时候,父母却一门心思地想让孩子重新回到学校。但父母不知道的是,孩子面对与自己没有任何情感链接的学习、作业和考试,对于他来讲是极其困难的,甚至是残酷的。

孩子当然知道应该去学校,他知道这个年龄就是学习的年龄。可是,他没有办法和学习发生真实的情感链接。他学不下去了,他已经走投无路了。这个时候,如果父母继续逼孩子去学校,你和孩子之间的关系就会开始破裂。

第十三课
请给你的父母带封信

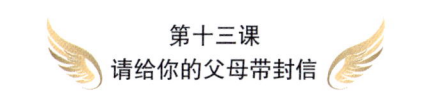

四、孩子们为什么会躺平

据统计，在 2020 年有近 50 万个孩子离开了学校，其中 80% 来源于高知家庭，而这 80% 中的 60% 来源于北京、上海这些超一线城市。许多孩子一进校门就出现焦虑、手抖头疼、害怕恐惧、精神崩溃等现象，无法正常地学习。躺平，就是他最后唯一的选择。看一看你身边有多少孩子是在躺平。

躺平孩子的表现都是一样的。只要不上学，那一定是作息黑白颠倒，每天就干两件事儿：要么打游戏，要么睡大觉。他们唯一能做的就是萎缩在房间里，手机成了他们唯一信赖的朋友。

孩子讨厌上学，会找各种理由赖在家里。在家长看来，孩子就是懒，就是贪玩，就是不爱学习。但对孩子来说，他不上学的原因有很多种，许多是你不知道的。他可能无法融入学校的生活，他可能正在遭遇校园霸凌，他可能被老师和同学孤立，他无法在学校找到自己喜欢的东西。

不去上学，恰恰是他解决这些问题的方法。

躺平，就是他保护自己的最后防线， 游戏成了他与外界联系的唯一渠道。

在你眼中的问题，恰恰是他深思熟虑后的解决方案。但是，你只看到他不去上学这个现象。

各位：你有没有过拖延？

拖延看起来是个问题，但它也是一个解决方案。例如，有一些事情很想做好，但又怕做不好，不想搞砸，为了避免失败，于是就只好拖延。有些事情，做的时候感觉很无聊，感觉没有

价值，为了逃开这种无聊的工作，于是就拖延。

许多家长在面对孩子躺平的时候，只想解决躺平的问题，只想赶快让孩子重新回到学校。但是，却从来没有对孩子的内心进行过探索。如果你不去探索孩子问题背后的问题，你就解决不了孩子躺平的问题。无法使他热爱学习，无法使他重新回到学校。

我们需要探索的是：孩子内在那个不为人知的哭泣小人。

▲ 躺平的孩子

五、这是大有希望的一代

家长对"00后"的孩子是看不惯的，却又束手无策。

家长希望把孩子打造成和自己一样，或者能够像哥哥姐姐那样。但是，结果总是让你失望。你发现对待老大的教育方式，在"00后"孩子的身上没有用。

许多家长感到困惑："我小时候也有青春期，也让父母操心，但和现在的孩子完全不一样。"因为你那个时代没有智能手机，

第十三课
请给你的父母带封信

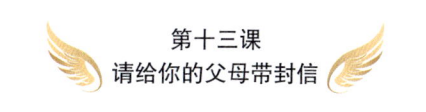

你只有报纸、杂志、电视等信息来源。青春期孩子的问题是每个家庭都会遇到的,只是智能手机把这些问题放大了,把这些问题复杂化了。

有人说,"00后"是最有希望的一代。但问题是,当他们把自己关在房间里,捧着手机,父母从他们身上是看不到希望的。

"00后"的孩子真的是大有希望的一代吗?

"00后"的孩子最大的特点就是多样化,每个孩子都是不一样的"烟火",每个孩子都觉得自己过好就好了,每个孩子都有个性化的需求,他们个性鲜明、具有独立性。

例如,面对同样的品牌,他们去购买童装,因为童装价格便宜;他们出去旅游不报旅行社,而是自己查攻略;他们并不热衷于名牌,不被物质所定义;他们不谈恋爱、不结婚、不生娃、不创业,更追求自己精神上的独立和自由。

你说:"00后"是进步了还是退步了呢?

现在的女孩子要变美、要减肥,不是为了讨好爱情,不是为了讨好男性,而是为了遇见更好的自己。年轻人取悦的是自己,为自己的爱好消费,为自己的感觉买单。他们不想取悦父母、老师、老板,只想取悦自己。他们不想讨好世界,只想讨好自己。

"00后"比我们更加务实,比我们活得更真实,比我们看得更通透,比我们见多识广。他们不再依赖老师、家长、电视来获取知识。他们动动手指就能获得想要的一切答案。他们讨厌说教,因为他们什么都知道,所有信息对他们都是透明的。原来的家庭教育模式,在"00后"这里失效了。

各位,我们有没有想过:这可能就是一种发展,一种价值观的必然变化。

如果你想和"00后"做朋友,你就要走进他们的世界,理解他们的情绪,研究他们的特点,了解他们的内心。新的时代、新的课题摆在我们面前。有关"00后"的故事,有关他们的内心,我还在探索中。

但是,我可以肯定地告诉你:"'00后'的孩子是大有希望的一代!"

▲ "00后"的孩子是大有希望的一代

六、课后作业

1. 背诵

我是大有希望的。

2. 朗读课文

3. 课后练习

给父母一个大大的拥抱。告诉他们:"谢谢妈妈,谢谢爸爸。我不会让你们失望的,我将是你们的骄傲。"